Die Flexiblen

for the perfect
one, who's
living with
the flexibles

Uli Sende

Springer
Berlin
Heidelberg
New York
Barcelona
Budapest
Hong Kong
London
Mailand
Paris
Tokyo

Ulrich Sendler

Die Flexiblen
und die Perfekten

Nordamerikanische und deutsche
Produktentwicklung
– ein praktischer Vergleich

Springer

Ulrich Sendler
Haydnstraße 9

D-69121 Heidelberg

Mit 29 Abbildungen

ISBN 3-540-58727-6 Springer-Verlag Berlin Heidelberg New York

CIP-Aufnahme beantragt

Hersteller: Ulrike Stricker
Umschlaggestaltung: Künkel + Lopka Werbeagentur, Ilvesheim
Umschlagabbildung: Bavaria Bildagentur, Gauting
und AT&T Global Information Systems, Waterloo, USA
Satz: Datenkonvertierung Springer-Verlag, Heidelberg
Druck: Zechnersche Buchdruckerei, Speyer
Bindearbeiten: Fa. Schäffer, Grünstadt
SPIN 10484769   33/3142 – 5 4 3 2 1 0 – Gedruckt auf säurefreiem Papier

Inhaltsverzeichnis

Einleitung

Am Anfang stand die Neugier: Stimmt es, daß in den USA die Anwendung von Systemen zur Erstellung räumlicher Modelle in der Konstruktion wesentlich weiter verbreitet ist als bei uns? Und stimmt es, daß deutlich weniger Wert auf normgerechte Zeichnungserstellung gelegt wird? Schließlich: Wenn das zutrifft, woher rührt dieser Unterschied? *Neugier*

Natürlich war die Neugier nicht aus einer Laune entstanden. In zahllosen Besuchen vorwiegend deutscher, aber auch schweizerischer und österreichischer Industriebetriebe mit dem Ziel über ihre Erfahrungen mit rechnerunterstützter Konstruktion zu berichten, hatte ich einen lebendigen Eindruck erhalten, wie wenig die Vorteile verfügbarer Technologien heute erst genutzt werden. Und wie viele Steine einem solchen Nutzen selbst in Unternehmen im Wege liegen, die die richtige Richtung erkannt und eingeschlagen haben. *Vorteile verschenkt*

In Gesprächen hörte ich des öfteren, daß dies ein typisch deutsches Problem sei; daß die Amerikaner viel leichter neue Methoden adaptieren könnten, wenn sie ihnen Erfolg versprächen; und daß sie eben auch in Sachen 3D-Konstruktion schon erheblich weiter fortgeschritten seien. *Typisch deutsches Problem?*

Zahlenmaterial darüber gab es freilich nicht. Auch direkte Fragen an die deutschen Vertreter US-amerikanischer Softwarefirmen riefen in erster Linie Achselzucken hervor. Weder gab es irgendwelche Untersuchungen, noch stimmten die jeweils geäußerten

Vermutungen über Fakten und Hintergründe über-
ein.

Starke Vorurteile   Was ich erlebte, war ein erstaunliches Repertoire
an Vorurteilen gegenüber den Amerikanern:

* Sie nehmen das nicht so genau.
* Sie spielen gerne rum.
* Für sie ist wichtiger, wie etwas an der Oberfläche
  aussieht. Ob und wie es dann funktioniert, inter-
  essiert sie weniger.

**Geschätzter Einsatz
von 3D CAD
im Mechanik-Umfeld
in Prozent**

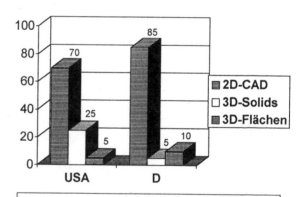

Diese Schätzung ergibt sich aus zahlreichen
Gesprächen mit amerikanischen und europäischen
Spezialisten. Anerkannte Erhebungen sind derzeit
leider nicht verfügbar.

Bild 1

Und die Kehrseite – eine nicht unerhebliche Einbildung auf deutsche Vorzüge:

Einbildung

* Wir sind eben Perfektionisten.
* Bei uns muß alles richtig funktionieren.
* Wir dulden keine Macken und Unzulänglich-
  keiten.
* Und durch schöne, bunte Bilder sind deutsche
  Ingenieure nicht so leicht zu blenden.

Generell mußte ich feststellen, daß ein prinzipiell un-
terschiedlicher Ansatz der Produktentwicklung auf
den beiden Kontinenten nicht bekannt und anschein-
end auch von ziemlich geringem Interesse war.

Uninteressant

So entstand die Idee, einige CAD-Anwender in
den Vereinigten Staaten zu besuchen, die über 3D-
Erfahrung verfügen, um selbst herauszubekommen,
worauf sich die unterschiedliche Entwicklung grün-
det. Mein Verdacht war, daß es im prinzipiellen Ansatz für die industrielle Produktentwicklung wesentliche Differenzen geben müsse, die den dortigen
Verantwortlichen zu einer anderen Bewertung derselben Werkzeuge veranlassen als bei uns. Auf diesen
Punkt wollte ich mein Augenmerk richten.

Ich konnte die drei Softwarehersteller Hewlett-
Packard, Intergraph und SDRC für die Unterstützung
meines Vorhabens gewinnen und flog im Spätsom-
mer 1994 in die Staaten, um jeweils einen ihrer Anwender zu interviewen.

Drei Softwarehersteller
machen mit

Ich kann nicht behaupten, daß ich von Anfang an
vom Erfolg des Projektes überzeugt war. Es konnte
schließlich gut sein, daß sich eine der folgenden Aussagen als richtig herausstellte: So groß wie angenommen sind die Unterschiede nicht, oder es läßt sich
nicht ohne weiteres festmachen, woraus tatsächlich

Mehr Input
als erwartet

vorhandene Unterschiede resultieren. Aber es kam anders. Die Beispiele zeigten so krasse Unterschiede in den Ansätzen, und sie standen in so schönem Widerspruch zu den hier gepflegten und der eigenen Beruhigung dienenden Vorurteilen, wie ich es nicht erwartet hatte.

Am Morgen meines Rückfluges saß ich im Hotelzimmer und ging meine Gesprächsnotizen noch einmal durch. Es waren gute Gespräche gewesen. Sehr aufgeschlossene und ausgesprochen kompetente Gesprächspartner hatten sich mit meinen Fragen auseinandergesetzt. Und ich hatte soviel neue Eindrücke und Ideen, daß ich mich entschloß, ein Buch darüber zu schreiben. Sogar der Titel „Die Flexiblen und die Perfekten" fiel mir sofort ein. Zu deutlich stand mir vor Augen, daß das, was an deutscher Zuverlässigkeit, Genauigkeit, Qualität und eben Perfektion gelobt wird, nicht nur positiv zu werten ist.

Erst der Mensch und seine Denkweise – und dann die Technik

Vor allem war mir klar geworden, daß meine anfängliche Neugier noch viel zu technikorientiert war: Denn es ist nicht der Einsatz dieses oder jenes Tools, der über den Fortschritt eines Unternehmens entscheidet. Es ist der Ansatz im Miteinander der verantwortlichen Menschen, der Manager, Ingenieure, Konstrukteure – kurz aller am gesamten Prozeß Beteiligten. Welche Instrumente letztlich genutzt werden, ist eine Frage, die danach kommt – und die dann allerdings sehr unterschiedlich ausfällt.

Anschauungsunterricht

Jetzt haben Sie das Buch in der Hand. Es ist nicht so sehr eine wissenschaftliche, theoretische Abhandlung wie eine Sammlung von praktischem Anschauungsmaterial – verbunden mit einigen Thesen, die vielleicht neuen Zündstoff liefern, für die seit Jahren mehr oder weniger heftig geführte Diskussion über einen erfolgversprechenden Weg aus den Schwierigkeiten, in denen sich die deutsche Industrie seit spätestens Ende der achtziger Jahre befindet.

Die Diskussion hat neue Schlagworte nach oben geschwemmt, die nun zumindest nicht mehr so technikverliebt und blauäugig tönen wie seinerzeit das berüchtigte 'CIM' oder der Ruf nach (und die Angst vor) der 'papierlosen Fabrik'. Heute reden wir über 'Concurrent' oder 'Simultaneous Engineering' und sind damit wenigstens auf dem Wege zur Wurzel der Probleme – oder eben zum Schlüssel für ihre Lösung: die industrielle Produktentwicklung, der Engineering-Bereich.

Nach CIM

Nur habe ich schon wieder das Gefühl, daß die Diskussion sich bei uns in irgendwelchen abgehobenen Schlagabtauschen ergeht, daß der Kampf um die richtige Interpretation guter Thesen zu lange geführt wird, statt endlich ganz praktisch mit der Umsetzung zu beginnen. Jedenfalls geschieht dies bei uns zu selten und viel zu zaghaft.

Praxis! – Theorie haben wir eher genug.

Natürlich glaube ich nicht, daß der Bericht über einige nachahmenswerte Beispiele Wunder wirkt. Ich bin auch nicht der Auffassung, daß die jeweiligen Vorsprünge durch einfache Übertragung der dort erfolgreichen Prinzipien auf hiesige Verhältnisse aufzuholen sind.

Vom Vorbild lernen

Aber ich glaube, daß es nichts schadet, gelegentlich die eigenen Scheuklappen abzulegen und über den Tellerrand zu schauen. Sei es auch nur, um ein paar Anregungen mitzunehmen, die dann möglicherweise bei uns anders, in anderem Umfang, mit anderen Mitteln und vielleicht ja auch mit ganz anderen Resultaten in die Praxis einfließen könnten.

Wenn das Buch bewirkt, daß im einen oder anderen Unternehmen die Strukturen, das Management und die Abläufe der gesamten Prozeßkette in der Pro-

Vor der Veränderung kommt das Infragestellen

duktentwicklung noch einmal überdacht werden, dann hätte es einen wichtigen Zweck erreicht.

Kurzlebig ist modern

Nichts ist für eine Industrie, die wieder erfolgreicher im Wettbewerb agieren will, tödlicher als Verharren und Selbstgefälligkeit. Zufriedenheit mit dem Erreichten können wir uns nicht mehr leisten. Es ist zu schnell aus der Mode. Und – mancher mag ein 'leider' voransetzen – längst sind derlei Begleiterscheinungen der Mode nicht mehr beschränkt auf Kleider und Möbel. Ähnliche Kurzlebigkeiten wie für den aktuellen Schnitt von Badeanzügen kennen inzwischen fast alle Produzenten für fast alle Arten von Gütern, ja selbst von Investitionsgütern – dank einer Technik, die selbst ebenso schnell veraltet, wie sie dazu beiträgt, neue Produkte zu konstruieren und herzustellen. Aber auch wenn man wirklich die Mode als Beispiel betrachtet: Wie viele Sportschuhe werden noch in Deutschland produziert? Und warum sind so viele Produktionen in ferne Länder verlagert worden? Sicher nicht 'nur' wegen hoher Personalkosten.

Wenn 'Made in Germany' ein positives Zeichen sein soll

Es hilft nichts: Wir werden mehr ändern müssen als nur die Werkzeuge und Methoden, die wir einsetzen. Wir werden bei uns selbst nicht haltmachen dürfen und unsere Denkweisen, Vorstellungen, liebgewonnenen Gewohnheiten in Frage stellen müssen, wenn wir nicht mitsamt unserer Qualität 'Made in Germany' an den Rand des internationalen Wettbewerbs gedrängt werden wollen. Vielleicht wären ja diese anerkannten Qualitäten und ein Großteil des Perfektionismus unserer Ingenieure – aber eben nur ein Teil und nicht hundert Prozent – verbunden mit einer gewissen Flexibilität der Schlüssel zu neuem Erfolg.

Ulrich Sendler im Januar 1995

1 Stand der Technik

Auch wenn dieses Buch weit von einer Auswahlhilfe für Entscheidungsträger entfernt ist, die die Installation eines CAD/CAM/CAE-Systems planen, müssen ein paar grundsätzliche Dinge über diese Technologie vorangestellt werden. Sie spielt nämlich im Rahmen der Modernisierung der Produktentwicklung und damit auch im vorliegenden Buch eine zentrale Rolle.

Die zentrale Rolle von 3D-CAD

CAD hat eine Entwicklung durchgemacht, die noch nicht abgeschlossen ist. Aber es ist ein Wendepunkt erreicht – sowohl hinsichtlich der Softwareentwicklung, als auch hinsichtlich ihrer industriellen Anwendung.

Unter rechnergestützter Konstruktion wurde bis vor kurzem fast ausschließlich der reine Ersatz des Zeichenbrettes durch Bildschirm, Maus und Plotter verstanden. Darin lag noch keine grundsätzliche Änderung der Konstruktions- und erst recht nicht der Produktentwicklungsmethoden. Im Grunde blieb fast alles beim alten, außer daß die technischen Zeichnungen nach und nach nicht mehr von Hand erstellt, sondern elektronisch erzeugt und geändert wurden.

Das elektronische Brett bleibt ein Brett

Jetzt geht der allgemeine Trend in Richtung 3D. Das liegt zum einen am Reifegrad der Softwaresysteme. Aber es hat noch viel zwingendere Gründe auf seiten der Industrie, die unter allen Umständen modernere, effektivere Entwicklungsmethoden finden muß, wenn ihre Produkte verkäuflich sein sollen.

Richtung Raum

Und eines der wichtigsten Hilfsmittel ist hier der grundsätzliche Umstieg auf 3D-Konstruktion.

Erfolgreicher Hürdenlauf

Schon auf dem PC Volumenmodellierer von heute sind mit den ersten Versuchen der letzten zehn, zwanzig Jahre nicht mehr zu vergleichen. Man braucht weder Informatiker zu ihrer Bedienung, noch macht der Einsatz erst auf einem Hochgeschwindigkeitsrechner Sinn. Sie sind vielmehr zum Teil bereits leichter zu bedienen als manches 2D-Produkt, und sie kommen in wachsendem Umfang schon mit entsprechend aufgerüsteten PCs und dem Standardbetriebssystem Windows oder Windows NT aus.

Frei in der Gestaltung der Oberfläche Eine zweite Hürde, die einer Breitenanwendung bislang im Wege stand, ist jetzt genommen: Freiformflächen, Draht- und Volumengeometrien können auf derselben Datenstruktur miteinander verarbeitet werden. Damit steht einer vollständigen Beschreibung beliebiger Fertigteile und Baugruppen Tür und Tor offen.

Nicht nur Geometrie Auch die Verwaltung nichtgeometrischer Daten wie Oberflächenangaben, Bearbeitungsvorschriften oder Materialfestlegungen, ja sogar Kostenrechnungen und anderes lassen sich allmählich bei immer mehr Systemen mit dem räumlichen Modell verbinden.

Step by Step Schließlich sorgen internationale Standardgeometriekerne (wie ACIS) und Standarddatenformate (wie STEP) langsam aber sicher für eine Kommunikationsfähigkeit zwischen unterschiedlichen Systemen, wie sie in der Praxis benötigt wird.

Zukünftige Software wird – darauf deuten verschiedene Entwicklungen namhafter Anbieter und entsprechende Ankündigungen zur CeBIT '95 hin – sogar noch einen erheblichen Schritt weiter gehen: Es ist wohl damit zu rechnen, daß in einigen Jahren so etwas wie ein Office-Paket unter Windows auch für den technischen Bereich existieren wird – mit denselben Annehmlichkeiten, wie sie heute von Text- und Datenbankanwendungen bekannt sind. Aber mit dem Unterschied, daß dann nicht nur Grafik, Text und andere Daten, sondern auch dreidimensionale Geometrien genauso einfach gehandhabt werden können.

Möglichkeiten, die man nicht ablehnen kann

Die objektorientierten Entwicklungen jüngster Zeit werden es vermutlich sogar dem Anwender überlassen, wie er sich sein CAD-System konfiguriert – bis hin zur Möglichkeit, sich die passenden Funktionalitäten im konkreten Bedarfsfall mal eben zu erzeugen.

Das persönliche CAD-System?

Es ist also Zeit, sich auf die Möglichkeiten einzustellen, die bereits jetzt oder in Kürze verfügbar sind. Sie werden auf jeden Fall der traditionellen Zeichnungserstellung und den konventionellen Produktentwicklungsmethoden das Grab bereiten. Denn die Vorzüge der 3D-Modellierung sind offenkundig. Daß sie bislang nicht zum Durchbruch kamen, liegt hauptsächlich an den Kinderkrankheiten der ersten Systemgeneration.

Abschied von früher bewährten Methoden

3D ist mehr als räumliche Darstellung

Die 3D-Volumenmodellierung zeichnet sich durch folgende Möglichkeiten aus:

* Entsprechende Systeme können durchgängig vom Design bis zur Fertigung eingesetzt werden.

Durchgängig   * Das Produktmodell, die 3D-Konstruktion, ist nur einmal vorhanden und stets aktuell sowie eindeutig.

Eindeutig   * Die schattierten, fotorealistischen Darstellungen gestatten intern wie extern eine wesentlich bessere Kommunikation. Räumliches Vorstellungsvermögen ist kein Kriterium mehr für die Teilnahme an der Diskussion über eine Neuentwicklung.

3D-Konstruktion heißt:
1 Produktmodell

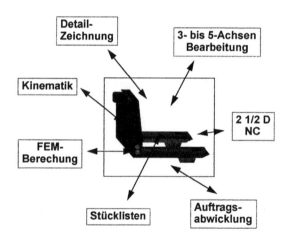

Bild 2: Der wichtigste Vorteil von 3D-Konstruktion ist die Möglichkeit eines einzigen, stets aktuellen Datenmodells, auf das alle Entwicklungsbereiche, aber auch Fertigung und Auftragsentwicklung Zugriff haben.

* Das 3D-Modell läßt sich für viele Zwecke nutzen – von der Analyse über Simulation, Kollisionsprüfung, Explosions- und Zusammenbaudarstellung bis hin zu automatisierter NC-Programmierung.

  Vielseitig

* Moderne Systeme erlauben der Produktentwicklung, unterschiedliche Arbeiten am selben Modell parallel auszuführen, lange bevor die Detaillierung abgeschlossen ist.

  Paralleles Arbeiten

Nachdem diese Vorteile heute wirtschaftlich nutzbar sind, wird sich die Technik auf dem Markt unweigerlich durchsetzen. Und sie wird den Anwendern einen solchen Vorsprung in der Produktentwicklung bescheren, daß die noch nicht auf diesen Zug gesprungenen Mitbewerber sehr schnell unter den Druck geraten nachzuziehen.

Was wirtschaftlich ist, setzt sich durch

Weil sie in der Praxis unwiderlegbare Vorzüge aufweisen, werden die Systeme alle theoretischen Diskussionen schon bald ad absurdum führen, die heute immer noch im Gange sind. Argumente wie:

Absurde Theorien

* Der Ingenieur denkt nun einmal in 2D und kann ohne technische Zeichnung nicht arbeiten
* Für viele Zwecke sind die 3D-Systeme nicht einsetzbar und zu schwerfällig
* Der Schulungsaufwand ist zu groß

und andere wenig reflektierte Abwehrmechanismen werden sich von selbst erledigen. Und diejenigen, die weiterhin erst einmal abwarten, werden später das Nachsehen haben.

Die genannten Vorteile von 3D-CAD und allen damit zusammenhängenden Technologien kommen in den drei von mir besuchten amerikanischen Be-

Die Flexiblen

trieben sehr schön zum Ausdruck. Daß sie dort schon seit Jahren genutzt werden, obwohl sie zum Zeitpunkt der Einführung noch keineswegs so evident waren wie heute, bezeugt die Flexibilität, die diese Unternehmen uns voraus haben.

Die Perfekten? Dieselben Vorteile werden hier noch immer heftig angezweifelt, weil sie eben noch nicht dem Perfektionsgrad entsprechen, der erwartet wird. Diese Haltung zeugt nicht eben von ingenieurmäßiger Professionalität, wie sie heutzutage vom Markt verlangt wird. Vom dringend nötigen Innovationsgeist ganz zu schweigen.

2 Der Schlüssel ist die Produktentwicklung

Viel ist in den letzten Jahren unternommen worden, um aus der konjunkturellen Talsohle herauszukommen.

Klettergerüste

* Dazu gehören schlagzeilenträchtige Maßnahmen, beispielsweise zur Durchsetzung von 'Lean Management' oder dem, was man sich darunter vorstellte. In manchem Unternehmen mußten ganze Ebenen des mittleren Managements daran glauben.
* Als 'Outsourcing' wird heute oft bezeichnet, was im Kern schlicht und ergreifend massiver Personalabbau ist. Weil sich über die Personalkosten am sichersten die Gesamtkosten – wenigstens kurzfristig – senken lassen, bleibt dieses Mittel leider beliebt.

  Alte Mittel in neuem Gewand

* Produktionsstätten wurden ins Ausland verlegt. Neben dem Fernen Osten gibt es ja nach dem Fall der Grenzen nun auch in nächster Nachbarschaft sogenannte Billiglohnländer, die obendrein auch noch über eine große Zahl äußerst gut qualifizierter Ingenieure verfügen.

  Billig ist nicht alles

* Und wie schon in früheren Zeiten wirtschaftlicher Rezession suchen nicht wenige Unternehmen den Stein der Weisen in – hauptsächlich technischen – Rationalisierungsmaßnahmen. Nach dem Abflauen der CIM-Euphorie heißt das übergeordnete Thema heute eher Produkt-

  Technikverliebt

übergeordnete Thema heute eher Produktdaten-Management. Aber auch der Umstieg von der herkömmlichen Konstruktion auf die 3D-Modellierung wird mancherorts als Allheilmittel betrachtet, das gewissermaßen von selbst zu einer Besserung der Lage beitragen werde.

Für die nächsten 50 Jahre?

* Lediglich in wenigen – in Deutschland leider zumeist nur in sehr großen – Betrieben wird bislang versucht, mit Hilfe externer Beratungsunternehmen wirklich neue Wege zu finden. Und auch dabei herrscht in der Regel der Glaube vor, durch bestimmte Restrukturierungsmaßnahmen, Einführung neuer Organisationsformen und Installation neuer Prozeßabläufe zu einer neuen Form zu kommen, die dann für einen längeren Zeitraum Bestand hat.

Fast überall stößt man auf die alte, deterministische Denkweise, die nach *der* Lösung sucht. Nach einem neuen *Zustand*, der dann möglicherweise wieder fünfzig oder hundert Jahre vorherrschen wird.

Beharrlich im Kreis herum

Es ist ein schwierig zu durchbrechender Kreislauf: Die althergebrachten Strukturen sind nicht nur unzeitgemäß und hinderlich bei der Lösung der heute anstehenden Aufgaben – sie tragen selbst auch zur Zementierung des Herkömmlichen bei. Der Versuch, neue Ideen zu verfolgen, hat als heftigsten Widersacher immer die eigene, sehr stabile und gut verwurzelte alte Denkweise.

Üben macht den Meister, nicht Reden. Vielleicht ist auch deshalb das Heil nicht so sehr in theoretischen Klärungsprozessen zu suchen, sondern eher in der Praxis: Nur durch Üben neuer Methoden kann sich der Mensch allmählich daran gewöhnen, daß es auch anders geht.

Wobei es sich heute in der Tat nicht mehr um eine bestimmte Lösung dreht oder um ein wenigstens zeitweilig gültiges Ziel, das zu erreichen wäre. Vielmehr existiert nur noch für die jeweils nächste Aufgabe eine passende Lösung. Für eine andere kann sie schon wieder anders aussehen.

Der Weg ist das Ziel

Der Markt hat deutlich gemacht, daß die früheren Methoden der Produktentwicklung und Produktion nicht mehr zeitgemäß sind. Dabei spielt die hohe Priorität der Rücksichtnahme auf die Umwelt eine wichtige Rolle. Noch größeren Einfluß hat aber die Tatsache, daß durch die moderne Technik alle langfristig herrschenden Normen über den Haufen geworfen wurden: die anzusetzende Zeit für Auftragsdurchläufe; die ausreichende Qualität des fertigen Teils in unterschiedlichster Hinsicht; die Rolle des Kunden und seiner Wünsche und ihre Berücksichtigung im Produkt.

Wohin der Markt geht

Als wichtigste Erkenntnis hat sich daraus zunächst festgesetzt: Die Produkte müssen schneller und billiger produziert werden. Eine Welle von Rationalisierungsmaßnahmen mit dem Ziel einer weitgehenden Automatisierung der Fertigung war die Folge.

Mannlose Fertigung?

Dann, als diese Maßnahmen keine grundsätzliche Änderung brachten, richtete sich das Augenmerk auf die Konstruktion, denn sie ist verantwortlich für die Kosten eines Produktes und sie verschlingt in der Regel den größten Teil der Entwicklungszeit.

Das ist zwar richtig. Aber es greift ebenfalls zu kurz, weil es die Ursachen zu sehr an der Oberfläche sucht.

Die Konstruktionszeit läßt sich durch rechnergestützte Konstruktion abkürzen, und die Qualität der technischen Dokumente läßt sich durch moderne

Auch das
elektronische Brett
ist nur ein Brett

Softwaresysteme erheblich verbessern. Mittlerweile hat sich auch ein Preis-/Leistungsverhältnis durchgesetzt, das möglicherweise sogar gestattet, trotz zusätzlicher Kosten für solche Werkzeuge insgesamt Kosten zu sparen.

Begrenzter Fortschritt
Dennoch kommt jedes Unternehmen früher oder später an einen Punkt, an dem es nicht mehr weiter geht. Denn diese Art der Rationalisierung ist endlich. Eine derartige Beschleunigung und Kostensenkung ist nur bis zu einer bestimmten Grenze realisierbar. Dann ist Schluß. Während der Markt nicht stehenbleibt und seine Forderungen schon wieder ein gutes Stück höhergeschraubt hat, muß zur Kenntnis genommen werden, daß auch mit dem besten System nicht mehr schneller und qualitativ besser konstruiert werden kann.

Gefragt ist
die Fähigkeit zur
Anpassung
Alle Versuche, dieser Situation durch eine weitere Verbesserung der Strukturen und des eingesetzten Instrumentariums – beispielsweise durch bessere Schnittstellen und besseren Zugriff auf die unzähligen DV-Systeme – Herr zu werden, sind früher oder später zum Scheitern verurteilt.

Der Markt läßt sich nicht mehr so einfach in Schubladen sortieren. Seine Forderungen sind nicht mehr für einen längeren Zeitraum gleichbleibend. Folglich hat die Industrie keine andere Chance, als ihre Produktentwicklung darauf einzustellen: Sie muß sich dem Charakter des Marktes anpassen und muß genauso flexibel und – im positiven Sinne – kurzlebig werden wie der Markt selbst.

Die Konstruktion ist
nur ein Teil
der Entwicklung –
die Technik nur
ein Teil der Lösung
Wenn diese Forderung anerkannt wird, dann ist schnell einleuchtend, daß eine Lösung beileibe nicht nur aus der Konstruktion kommen kann. Und genausowenig aus der Installation dieses oder jenes zusätzlichen Softwaretools. Sie muß das gesamte Unter-

nehmen einbeziehen, seinen Führungsstil, seine Organisation und seine Mitarbeiter.

Die Produktentwicklung hat dennoch in diesem Gesamtrahmen eine herausragende Bedeutung. Nach wie vor wird schließlich – in welchen Formen auch immer – in diesem der Fertigung vorgelagerten Bereich der wesentliche Teil der Produktkosten bestimmt. Und auch in Zukunft wird in diesem Bereich der Unternehmen entschieden, wie schnell und mit welcher Qualität ein Produkt dem Markt zur Verfügung gestellt werden kann.

Und letztlich hängt sogar die übergeordnete Kommunikation und damit die Kultur des Gesamtunternehmens – also beispielsweise einschließlich der Verwaltung und des Vertriebs – nicht unwesentlich davon ab, daß die Entwicklung, d.h. das Ingenieurwesen seine Abschottung aufgibt und sich dem 'normalen Menschen' verständlich macht. Wenigstens ein bißchen verständlicher als heute.

Kulturforschung im eigenen Haus

„Wir entwickeln das neue Produkt. Kümmert Ihr Euch darum, daß es verkauft wird!" Diese Haltung ist leider noch keineswegs passé – nicht einmal in einem erwähnenswerten Teil unserer Industrie. Sie ist Ausdruck einer Spaltung der Unternehmen in verschiedene Bereiche, die eigentlich gar nicht miteinander reden können und wollen.

Selbstvertrauen ist etwas anderes als Eigenbrödlerei

Umgekehrt entspricht dieser Haltung ein weitgehendes Unverständnis gegenüber den Forderungen des Marktes, der mit gutem Recht sagt: „Ich will ein Produkt, das diese und jene Forderungen erfüllt. Kümmert Ihr Euch darum, daß es fertig wird, bevor ich wieder etwas anderes benötige." Zwischen diesem Markt und dem Bereich in der Industrie, der für die Umsetzung seiner Forderungen zuständig ist, also der Entwicklung, liegt der kaufmännische Bereich.

Vertrieb zwischen den Fronten

Und dieser ist hin- und hergerissen zwischen der Anerkennung der Marktanforderungen und der Anerkennung der scheinbaren Unmöglichkeit ihrer Realisierung, wie ihm allzuoft aus der Entwicklung signalisiert wird.

Den Blick auf
das Ganze richten

Eine Flexibilisierung der gesamten Unternehmen tut Not. Sie muß dort ansetzen, wo sie die größte Wirkung hat. Das ist die Produktentwicklung. Aber es ist die gesamte Produktentwicklung gemeint, vom Management bis in alle bisher üblichen Einzelabteilungen, und nicht ein einzelner Bereich wie die Konstruktion.

Die Veränderung muß also dort ansetzen, wo sie mit der größten Gegenwehr rechnen kann, wo die meisten Positionen in Gefahr sind, und wo das Denken in althergebrachten Schemata am tiefsten verwurzelt zu sein scheint.

Aber wie oft ist der Versuch bei uns überhaupt gemacht worden? Wieviele ernsthafte Pilotprojekte existieren, die ein echtes Urteil über die Realisierbarkeit entsprechender Visionen zulassen?

Bangemachen
gilt nicht

Ist es nicht oft eher die Angst des Managements, eine falsche Richtung einzuschlagen? Das Zurückschrecken vor der Beschaffung der nötigen Kompetenz, um solche grundsätzlichen Entscheidungen vorbereiten und treffen zu können? Und in der Tat auch Angst um den eigenen Posten, wenn die Veränderungen erst einmal ins Rollen gebracht worden sind?

Der Erfolg rechtfertigt
die Mittel

Aber wo auch immer die größten Bremsklötze vor der Einführung neuer Methoden und vor dem Beschreiten neuer Wege liegen, sie sind in den meisten Fällen – und das wiederum zeigt die praktische Erfahrung – durch den Erfolg der Änderungen auszuräumen: durch den Erfolg der daraus resultierenden Produkte im Markt, aber und vielleicht vor allem durch das Erfolgserlebnis jedes einzelnen im Unternehmen, das sehr schnell die erheblichen Vorzüge der neuen 'Unsicherheiten' gegenüber den vermeintlichen Positiva der alten 'Sicherheiten' vor Augen führt.

Der Vorsprung, den ich bei den besuchten Betrieben in Nordamerika gesehen habe, liegt in diesem speziellen Punkt darin begründet, daß solche Ängste nicht die Praxis beherrschen. Sie sind da, sie sind bekannt und werden ernstgenommen und bei allen Maßnahmen berücksichtigt, aber das Management (und das Team) läßt sich seine Handlungsweise nicht von dieser Angst diktieren.

Wo nicht die Angst regiert

Bei uns sieht es in der Regel umgekehrt aus: Kürzlich hielt ein Vertreter eines bekannten mittelständischen Unternehmens, das seit einiger Zeit den Umstieg zur 3D-Konstruktion praktiziert, auf einem Anwendertreffen einen Vortrag über die bisherigen Erfahrungen. Als wichtigste Begründung für die nur allmähliche Einführung der als wesentlich produktiver erkannten 3D-Technologie wurde angeführt: „Die Anwender des alten Systems sind eine starke Gruppe innerhalb der Entwicklung, die durch ihre langjährige Erfahrung eine wichtige Rolle spielen. Durch eine Umstellung auf ein anderes System würden sie wieder zu Anfängern werden. Wir müssen also Schritt für Schritt einen neuen Anwenderstamm aufbauen. Und erst wenn dieser stark genug ist, können wir unsere Konstruktion vollständig umstellen."

Unfreiwillig komisch

Es gab unter den etwa 200 versammelten Zuhörern und Anwenderkollegen keinen Widerspruch, keine Diskussion, keinen Kommentar, keine Verwunderung.

Offensichtliche
Verschwendung

Liegt denn nicht auf der Hand, daß hier Nutzenpotentiale aus Angst vor Widersprüchen innerhalb der Entwicklungsmannschaft nicht voll ausgenutzt werden? Daß man zurückschreckt vor offensichtlich effektiven und wirtschaftlichen Maßnahmen, um nicht mit dem Beharrungsvermögen konservativer Ingenieure zu kollidieren? Daß Innovation und Flexibilität dem Beamtendenken einer bestimmten Gruppe untergeordnet werden?

Wielange noch so
weiter?

Und dieses Beispiel stammt ja nicht etwa aus einem rückschrittlichen Betrieb. Es gibt Zustände, und zwar manchmal gerade in weltweit (immer noch) führenden Konzernen, die hiermit überhaupt nicht vergleichbar sind, wo beispielsweise ein System zu fast hundert Prozent als elektronisches Zeichenbrett eingesetzt wird, obwohl es ein Komplettpaket ist und die Möglichkeit zur 3D-Konstruktion bietet. Und wenn der zuständige Entwicklungsleiter auf diesen Umstand angesprochen wird, dann kommt zum Beispiel die Antwort: „Das weiß ich. Aber *ich* werde nicht derjenige sein, der das dem Chef sagt."

3 Abteilungskrieg

Unter *Concurrent Engineering* wird vor allem eine zunehmende Parallelisierung bisher nacheinander vorgenommener Arbeitsschritte verstanden: Design – Detaillierung – Zeichnungserstellung – Berechnung – Simulation – Versuch/Prototypenläufe – Werkzeug-/Vorrichtungsbau – Serienfertigung. Das etwa ist die

Zu große Kettenglieder, zu lange Ketten

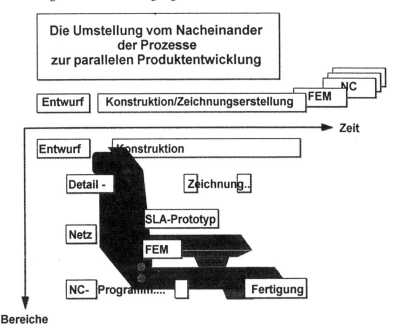

Die Umstellung vom Nacheinander der Prozesse zur parallelen Produktentwicklung

Entwurf | Konstruktion/Zeichnungserstellung | FEM | NC

Zeit

Entwurf | Konstruktion

Detail - | Zeichnung..

SLA-Prototyp

Netz | FEM

NC- | Programm.... | Fertigung

Bereiche

Bild 3: Für die Parallelisierung der verschiedenen Entwicklungsprozesse ist 3D-Konstruktion von besonderer Bedeutung. Automatische Aktualisierung der Ableitungen des Volumenmodells – zum Beispiel der Fertigungszeichnung – gestattet den Start von Tätigkeiten, die sonst erst auf die fertig detaillierte Zeichnung aufsetzen können.

Kette einzelner Prozesse, bei der einer ohne den anderen nicht ablaufen kann. Natürlich ist es hinderlich, wenn ein Prozeß erst durch jeweils vollständig abgeschlossene Zwischenergebnisse des vorherigen angestoßen werden muß. So aber ist bei uns die Praxis.

Nicht warten auf's Detail

Concurrent Engineering wäre dann der Versuch, die Bindestriche herauszunehmen und die Prozesse sich gegenseitig überlappen zu lassen. Aber was heißt das konkret? Was ist dazu erforderlich? Woran liegt es, daß sich eine so einfach und einleuchtend anmutende Forderung so schwer in die Tat umsetzen läßt?

Abgeteilt

Die Produktentwicklung ist ein Unternehmensbereich, der normalerweise eine gewisse Anzahl von Abteilungen umfaßt: das Design, die Konstruktion (einschließlich der unvermeidlichen Normstelle), die Berechnung (FEM, Rheologie etc.), den Versuch, Werkzeug-, Formen- und Modellbau und schließlich die Arbeitsvorbereitung oder Fertigungsplanung.

Teures Rollenspiel

Die Rolle dieser Abteilungen – wie aller Abteilungen der Unternehmen – hat sich meist in jahrzehntelanger Firmenentwicklung herausgebildet. Sie ist Ergebnis des bei uns sehr perfekt realisierten Taylorismus. Für einen bestimmten Schritt ist eine bestimmte Abteilung zuständig und sonst niemand. Die Tätigkeiten der Abteilungsmitarbeiter (und ihrer Abteilungsleiter) lassen sich in Stellenbeschreibungen festhalten. In größeren Konzernen ist dabei schnell auch ein gewisses Gefühl der „Verbeamtung" gegeben. Man kann eigentlich nur noch nach oben fallen, wobei die Stufen feststehen und ihr Betreten hauptsächlich eine Frage der Zeit und des mehr oder weniger geschickten Kampfes um den ersehnten Posten ist.

Einer für alle?

Solange es hinsichtlich Innovation vor allem auf die Spezialisten ankam, hatte solche Form von Ar-

beitsteilung nicht nur ihren Sinn, sondern ohne sie
war kein Unternehmen dem Wettbewerb gewachsen.

Heute erleben wir in der Folge der modernen *Jeder mit jedem*
Kommunikationsmittel eine Umkehrung: Informationen – früher gut behütetes Geheimnis des einzelnen
oder der Abteilung – überfluten alle Bereiche der
Gesellschaft. Sie sind in einer so unermeßlichen Fülle
schon jetzt verfügbar, daß wir gar nicht schnell genug
nachkommen mit der Entwicklung und dem Beherrschen der Hilfsmittel, die wir zu einem sinnvollen
Sortieren, Auswählen und Zugreifen benötigen.

Natürlich macht diese Umwälzung nicht ausge- *Lange Erfahrung muß*
rechnet vor der Industrie und ihrer Produktent- *nicht klug machen*
wicklung Halt. Im Gegenteil: Schließlich sind gerade
dort (und in den kaufmännischen EDV-Abteilungen)
die längsten Erfahrungen mit dem Einsatz von Com-
putertechnologien vorhanden.

In der Kombination von starrem Abteilungsden- *Kabarettreif*
ken und ingenieurmäßiger Beherrschung moderner
Technik entwickelt sich nun ein Paradoxon, das amü-
sant sein könnte, wenn es sich nicht so negativ auf die
Wettbewerbsfähigkeit auswirkte: Jede Abteilung kämpft
mit allen Mitteln darum, daß ihre speziellen Kenntnisse – allen multimedialen Kommunikationsmitteln
zum Trotz – in der Abteilung bleiben. Man versucht
vielleicht, an die Daten anderer Gruppen besser her-
anzukommen, setzt aber selbst alles daran, die Po-
sition des Spezialisten zu behaupten, und zwar auch in
Hinblick auf die Bedienung und Nutzung der neuesten
Werkzeuge. Die Abteilung zieht sich auf ihre Insel
zurück und praktiziert ihre 'Insel-Lösung'. (Und das
Unternehmen beklagt sich dann bei den Software-
herstellern, daß diese nicht in der Lage sind, die Inseln
miteinander zu verbinden.)

*Von losen Inseln
und kompetenten
Brückenbauern*

Wie weit das geht? Ein Ingenieur erklärte mir neulich, daß in seinem Haus folgende Systeme zum Einsatz kommen: I-DEAS Master Series – und zwar in der Berechnung; Pro/ENGINEER – in der Konstruktion; Catia – in Werkzeug- und Formenbau mit Blick auf die Fertigung. Drei *Insellösungen*, von denen jede aufgrund ihres jeweiligen Funktionsumfangs die Basis einer durchgängigen Lösung für

*Dreinreden oder
miteinander reden*

das gesamte Unternehmen darstellen könnte. Aber keine der Abteilungen ist bereit, sich von einer anderen dreinreden zu lassen. Und offensichtlich fehlt ein Manager, der sich kompetent genug fühlt, diesem Software-Krieg zwischen den Bereichen ein Ende zu machen. Vermutlich ist sein Kenntnisstand eher: I-DEAS ist ein 'Analysesystem', Pro/ENGINEER ist ein 'Konstruktionssystem' und Catia ist in erster Linie ein 'Fertigungssystem'. Worin tatsächlich die Unterschiede liegen und warum nicht ein System in allen drei Bereichen genutzt wird – das dürfte die Kompetenz zahlreicher Entwicklungsleiter übersteigen.

Eine Kette im Team

*Das Ende des
kalten Krieges*

Um von nacheinander tätig werdenden – und sich womöglich aus Konkurrenzgründen noch behindernden – Abteilungen zu einem Concurrent Engineering zu kommen, ist zuallererst eine Beendigung des geschilderten kalten Krieges erforderlich. Nur wenn das Kastendenken gebrochen, die Bedeutung der Abteilungszugehörigkeit relativiert und das Ziel der eigentlichen Produktentwicklung in den Vordergrund gerückt ist, besteht eine Chance zur Realisierung.

Das Mittel dazu ist die praktische Zusammenarbeit in Projektteams, die zielorientiert und für die Dauer einer Produktentwicklung zusammengestellt werden. Sie sollten alle Disziplinen umfassen, die von der jeweiligen Aufgabe tangiert sind. Dabei ist wichtig, daß Formen gefunden werden, die den Zusammenhalt der Gruppe fördern und sicherstellen. Das kann durch eine räumliche Konzentration erfolgen, muß aber nicht. Diese Form der Zusammenarbeit schärft den Blick auf die gesamte Prozeßkette und auf das Unternehmen als Ganzes. Und nur mit solcher Sichtweise läßt sich allmählich ein anderes Herangehen an die einzelnen Aufgabenbereiche verwirklichen.

Ganzheitlich denken

Ich will in den folgenden Abschnitten versuchen zu skizzieren, welche Auswirkungen solches Vorgehen auf die wichtigsten der einzelnen, heute stark 'abgeteilten' Bereiche hat. Und zwar indem den bei uns üblichen Methoden eine Vision gegenübergestellt wird, die von den meisten Lesern als idealtypisch empfunden werden mag. Sie ist es aber nicht. Sie setzt sich nämlich aus den Merkmalen realisierter, moderner Produktentwicklung zusammen, wie ich sie in den besuchten nordamerikanischen Betrieben zu sehen bekommen habe.

Idealtypisches?
Realität!

4 Reale Utopien

4.1 Vom Design zum Entwurfsmodell

Die allgemeinen Ausführungen bezüglich der Gräben zwischen Abteilungen sind noch harmlos gegenüber der Kluft, die sich in der Regel zwischen Designern und Ingenieuren auftut. Zwei Welten stehen sich gegenüber, die sich nicht über den Weg trauen.

Zwei Welten: Design und Konstruktion

Die einen sind – so sehen es viele Ingenieure – die Künstler, die nur etwas von der Formschönheit, aber zu wenig von der Technik verstehen, um hinsichtlich Funktionalität und Umsetzung mitreden zu können.

Der Art-Direktor

Aus der Sicht zahlloser Designer ist umgekehrt der Ingenieur der Fachmann, der nichts als die Funktionstüchtigkeit kennt und versteht. Mit seiner merkwürdigen Art, Dinge darzustellen, zu beschreiben und zu dokumentieren, mag der Künstler so wenig wie möglich zu tun haben.

Der dröge Fachmann

Die Praxis sieht dementsprechend aus. Das wichtigste Werkzeug der Designer besteht nach wie vor aus Stift, Papier und Schaumstoff- oder Holzmodell. Wo CAD zum Einsatz kommt, handelt es sich fast nie um dasselbe System, das auch in der Konstruktion benutzt wird. Und auch auf die Schnittstellen zwischen den unterschiedlichen Systemen wird wenig Wert gelegt. Schließlich hat das Design ja mit der ei-

Was juckt mich der andere?

Wie man es nicht machen sollte gentlichen Konstruktion nichts oder zumindest nicht sehr viel zu tun.

Moderne Technik, die verpufft

Ein Beispiel dazu konnte ich kürzlich in einem Schweizer Unternehmen etwas genauer untersuchen. Hier wird sogar von Design, Konstruktion und Arbeitsvorbereitung dieselbe Software verwendet. Und im Unterschied zu vielen anderen Betrieben ist das Design auch intern angesiedelt und nicht ausgelagert. Dennoch kommt die mögliche Durchgängigkeit der Datenstruktur nicht zum Tragen, denn das Prozedere stellt sich so dar:

Hautnah

* Die Designer entwerfen die Außenform des künftigen Produktes als 3D-Volumenmodell. Dabei wird das Produkt als Ganzes gesehen und als ein einziges, zusammenhängendes Teil definiert.

Unter die Haut

* Die so entstandenen Daten kommen in die Konstruktion. Sie können in der vorliegenden Form aber nur zur Orientierung genutzt werden. Denn ein nachträgliches Zerlegen in die notwendigerweise zu gestaltenden Bauteile und Unterbaugruppen, aus denen sich dann das gesamte Produkt als Baugruppe zusammensetzt, ist mit dem verwendeten System nicht möglich.

Angepaßt

* Auf Basis des Entwurfsmodells werden die Bauteile detailliert. Das daraus resultierende Modell weicht in der Regel in einzelnen Bereichen von der ursprünglichen Designform ab. Wandstärken mußten beispielsweise verändert oder das Gehäuse insgesamt vergrößert werden, weil ein-

zelne, unverzichtbare Funktionsteile anders nicht einzubauen waren.

* Die Designer bekommen also die detaillierte Baugruppe zurück und nehmen bei Bedarf Schönheitskorrekturen vor. Dazu behandeln sie aber wiederum das Produkt als ein einzelnes Bauteil, lassen die bereits vorhandene Baugruppenstruktur unberücksichtigt und übergeben die Außenform schließlich wieder als Einzelteil an die Konstruktion.

Geknetet

Dieser Kreislauf von Iterationsschritten wird unter Umständen wiederholt durchlaufen, bis beide Welten mit dem Modell leben können.

Im Kreis herum

Kooperativ statt borniert

Würden sich diese Bereiche in einer einzigen Projektgruppe wiederfinden, die ein gemeinsames Ziel verfolgt und für die bestmögliche Erreichung dieses Ziels insgesamt verantwortlich ist, ergäbe sich sehr schnell ein anderes 'Weltbild', wie ich es in den USA auch angetroffen habe:

Gemeinsames Ziel

* Das Design wird von vornherein als Grobentwurf des eigentlichen Produktes betrachtet. Das heißt, die erforderliche funktionale Zergliederung des fertigen Teils in Baugruppe, Unterbaugruppen und Einzelteile wird bereits bei der Gestaltung der äußeren Form berücksichtigt.

Gemeinsames Modell

* Möglicherweise können die nötigen Abstimmungen der optimalen Schnittstellen zwischen einzelnen Bauteilen bereits zu einer groben

Abgestimmt

Baugruppenstruktur führen, die so von der Konstruktion weiter verfeinert werden kann.

* Designer und Konstrukteure beraten kritische Bereiche von Projektbeginn an gemeinsam und nicht nacheinander.

Zielgerichtet

* Der Annäherungsprozeß an das endgültige Produkt spielt sich innerhalb desselben CAD-Modells ab. Eine wiederholte Generation von Design- und Produktmodell entfällt.

Zeit, die sich rechnet

Die Zeit, die bei diesem Vorgehen für den Designer 'zusätzlich' aufzuwenden ist, rechnet sich insgesamt für das Projektteam, das auf diese Weise sehr viel schneller zum ersten Prototypen und schließlich auch zum fertigen Teil kommt. Das wird heute in dem angeführten Schweizer Betrieb zwar auf der Seite der Konstrukteure schon so gesehen. Aber man wagt es nicht, sich mit den Designern darüber zu streiten.

Was beim einzelnen perfekt ist, kann für das Unternehmen höchst unbefriedigend sein

Es mag durchaus zutreffen, daß es sich sowohl bei den Designern als auch bei den Konstruktionsingenieuren im geschilderten Beispiel um die besten ihrer Zunft handelt. Aber was nützt hier der Perfektionismus der beteiligten Bereiche, wenn der erzielbare Nutzen der eingesetzten Werkzeuge einfach verschenkt wird? Es mag auch zutreffen, daß der Designer so, wie er jetzt arbeitet, in der kürzestmöglichen Zeit ein vorzeigbares Designmodell realisiert. Aber diese Zeit wird durch die unnötigen, aufwendigen und aufreibenden Iterationen zwischen Design und Konstruktion mehrfach wieder verloren.

Stur und ängstlich

Oder ist es nicht so sehr der Perfektionismus, der hier stört, sondern vielmehr die Sturheit bei den einen und die Angst vor der Auseinandersetzung bei den anderen?

4.2 Von der Konstruktion zur Produktmodellierung

Die Konstruktion ist ohne Zweifel das Herz der Produktentwicklung. Hier wird die endgültige Form und Funktionalität definiert, hier wird darüber entschieden, welche Teile zugekauft und welche selbst gefertigt werden, hier fällt die Entscheidung über Material und Produktionsart. Die Konstruktion entscheidet mit Abstand über den größten Teil der Kosten eines Produktes. Und auch der größte Teil der Entwicklungszeit wird heute in den meisten Betrieben für die Detaillierung und wiederholte Änderung der Konstruktionen aufgewendet.

Wo die Kosten bestimmt werden

Das Bewußtsein von der großen Verantwortung, die die Konstruktion damit für das Produkt, aber auch für das ganze Unternehmen hat, fehlt indes leider häufig. Und zwar auf allen Seiten.

Fehlendes Bewußtsein

Die Praktiker sehen die Konstrukteure gerne als abgehobene Theoretiker, die eben nicht wissen, welche Konsequenzen sich aus ihren Ideen beispielsweise für die Fertigung ergeben. Dieses Wissen wird aber keineswegs zur Verfügung gestellt. Vielmehr scheint es oft ein diebisches Vergnügen zu bereiten, wenn anhand einer Konstruktion nachgewiesen werden kann, daß es so nicht funktioniert. Dann werden die 'Weißkittel' in die Montagehalle zitiert und vorgeführt.

Den 'Weißkittel' vorführen

Auf der anderen Seite würde sich mancher Konstrukteur lieber die Zunge abbeißen als zuzugeben, daß seine Kenntnisse bezüglich der Fertigungsbedingungen nicht weit genug reichen, um wichtige 'Konstruktionsfehler' von vornherein ausschließen zu können. Und er wehrt sich auch oftmals vehement gegen die Übernahme gewisser arbeitsvorbereiten-

Dem 'Blaukittel' nicht die Arbeit nehmen

der Maßnahmen, selbst wenn sie bei ihm viel besser aufgehoben wären. Zum Beispiel bietet die 3D-Konstruktion die Möglichkeit, aufgrund der CAD-Geometrie die NC-Programme für die Fertigung von Modellen oder Formwerkzeugen abzuleiten. Und schon das ist oft ein Schritt, der dem Konstruktionsingenieur zu weit geht. Mit der Fertigung will er in der Tat so wenig wie möglich zu tun haben. Dafür sind immer noch die 'Blaukittel' zuständig.

Ähnlich tief wie zur AV sind die Gräben zwischen Konstruktion und den Bereichen Berechnung, Simulation, Versuch etc.

Die Arbeit aufteilen statt die Konstruktion abteilen

Ein gemeinsames Verantwortungsbewußtsein bildet sich dagegen zwingend heraus, wenn die Konstruktion nicht mehr in der Abgeschiedenheit einer Abteilung, sondern als integraler Bestandteil eines Entwicklungsteams handelt.

Zeichnungsmauern

In diesem Zusammenhang wird auch klar, warum die 3D-Modellierung bei allen Versuchen, die Produktentwicklung zu modernisieren, eine wirklich herausragende Rolle spielt. Denn die beschriebenen Mauern zwischen traditioneller Konstruktion und den angrenzenden Bereichen bestehen zu einem Gutteil aus technischen Zeichnungen! Wieviel Zeit und Nerven haben die Diskussionen um die richtige Interpretation dieses oder jenes Kreisbogens, dieser oder jener angedeuteten Schräge oder gar nicht darstellbarer Verläufe zwischen gezeichneten Schnittkurven und ähnlichem gekostet. Und wer hätte zum Schluß mit Bestimmtheit sagen können, wer im Recht ist?

Unklarheit provoziert Ärger

Zeichnungen sind fast immer interpretationsbedürftig. Sie sind – von einzelnen Ausnahmen sehr einfacher Produktgeometrien abgesehen – fast nie eine vollständige Beschreibung des fertigen Teils. Und wo interpretiert werden muß, sind Mißverständnisse möglich. Wenn dann noch die Abteilungspolitik hinzukommt, ist die handfeste Zeitverzögerung schon fast vorprogrammiert.

Die Fähigkeit, eine technische Zeichnung lesen zu können, ist immer als etwas Besonderes behandelt worden. Sie hat den großen Unterschied gemacht zwischen dem Konstrukteur und den anderen. Es ist auch eine besondere Fähigkeit. Sie war erforderlich, solange keine bessere Möglichkeit zur Darstellung der Konstruktionsabsicht, des künftigen Bauteils und aller zu seiner Herstellung nötigen Werkzeuge und Vorrichtungen existierte. Aber jetzt gibt es solche Darstellungen, und zwar mit schattierten Bildern des CAD-Modells, die den Eindruck erwecken, als sei bereits das fertige Teil fotografiert.

Die einen können's lesen, die andern eben nicht

Ein Bild sagt mehr als...

Management, Vertrieb, Marketing, Einkauf – alle können mitreden und sinnvolle Beiträge zur Entwicklung leisten. Es ist verständlich, daß unter Konstrukteuren eine Furcht anzutreffen ist, daß nun ihre Fähigkeiten nicht mehr benötigt werden. Aber das Gegenteil ist der Fall: Wenn Zeichnen und Lesen von Zeichnungen nicht mehr zwischen der Idee und dem Produkt stehen, dann wird die Kreativität der Konstruktionsingenieure aufleben. Dann können sie sich auf ihre eigentliche Arbeit konzentrieren – auf das Finden innovativer Lösungsansätze. Und sie können auf Vorschläge anderer Mitarbeiter viel flexibler und schneller reagieren, Modelle durchspielen und Varianten erzeugen.

Kreativität fördern

Die Erfahrungen von Firmen, die die neuen Methoden praktizieren, bestätigen das:

Was die Praxis zeigt

* Schon in einem sehr frühen Stadium der Produktgestaltung fallen Denkfehler, die sich spä-

ter in Werkzeugbau oder Montage auswirken müßten, auf und werden diskutiert.

* Ebenso wie die Fertigung können sich auch Berechnung, Forschung und Versuch frühzeitig zu Wort melden und Anmerkungen machen oder Bedenken äußern.

* Das Interesse aller Beteiligten wächst, so schnell wie möglich mit notwendigen Schritten zu beginnen. Das Warten auf die fertig detaillierte Einzelteilzeichnung wird von allen gleichermaßen als hinderlich empfunden.

Es sind nicht die schlechtesten Konstrukteure, die bisher keine werden durften

Vielleicht werden unter solchen Umständen auch Ingenieure in die Konstruktion bzw. Entwicklung gehen, denen – mangels Bereitschaft oder Fähigkeit zur Reduktion räumlicher Modelle auf platte Abbilder – dieser Bereich bislang versperrt blieb. Dieser Hinderungsgrund sagt eigentlich noch nichts darüber aus, ob sie nicht sogar mehr Kreativität in petto haben als andere.

4.3 Von der Berechnung zur Optimierung

Traditionell für die meisten mehr Kosten als Nutzen

Nicht jedes Unternehmen hat eine eigene Berechnungsabteilung, die sich zum Beispiel mit FEM-Methoden auskennt. Das liegt nicht nur am mangelnden Bedarf. Es liegt – und zwar vermutlich zu einem größeren Teil – an den erheblichen Kosten, die eine solche Abteilung für das Unternehmen verursacht. Diese sind, zumindest in der bisherigen Organisationsform, in der Regel nicht tragbar.

Vom Nachrechnen zum Vorrechnen

Wo FEM oder auch andere, oft sehr betriebsspezifische Berechnungsverfahren zum Einsatz kommen,

zeichnet sich eine allgemeine Entwicklung ab: Der
Weg geht von der ursprünglich im Nachhinein ange-
stellten Berechnung, nämlich bei Versagen von Bau-
teilen unter Betriebsbedingungen, über die heute
meist schon im Vorfeld der Produktion gerechneten
Belastbarkeiten hin zu einer Vorgehensweise, die die
Berechnung als direktes Mittel zur Optimierung der
Konstruktion sieht.

Ob FEM-Berechnung oder Kinematiksimulation, *Fast nichts geht*
ob Rheologie oder Kollisionsbetrachtungen im Zu- *ohne 3D*
sammenbau komplexer Baugruppen – alle erdenkli-
chen Arten von Analyse sind am besten einsetzbar
auf der Grundlage von räumlichen Modellen. Deshalb mußten Spezialisten überall, wo herkömmlich
mit 2D-CAD konstruiert wurde, separat solche 3D-
Modelle erzeugen. Oft wurden und werden sogar
heute noch von verschiedenen Abteilungen oder
Fachleuten, intern oder extern, gleich mehrere unterschiedliche 3D-Modelle desselben Produktes gene-
riert.

Vor eineinhalb Jahren besuchte ich einen Auto- *Und wieder Schleifen*
mobilzulieferer von Weltruf, auf dessen (damalige)
Situation diese Beschreibung paßt. Nach dem Design
kam zuerst die Zeichnungsdetaillierung zum Zug und
dann die Berechnung. Für kritische Teile von Neu-
entwicklungen wurden 3D-Modelle erstellt und unter
verschiedenen Gesichtspunkten analysiert. Erkannte
der Berechnungsingenieur, daß bei einer anderen
Auslegung der Bauteile nicht nur Material gespart,
sondern auch die Betriebssicherheit deutlich erhöht
werden konnte, dann diente das 3D-Modell als *Das 3D-Modell als*
Vorlage für die korrigierte Neuanfertigung der 2D- *Vorlage für die*
Zeichnung. Auch hier: Nicht selten mußten mehrere *Zeichnung*
Schleifen durchlaufen werden, bevor das Ziel erreicht

war. Daneben gab es den Einsatz eines Programms zur Erstarrungssimulation bei Druckguß.

Lange Geschichte

Solches Vorgehen hat sich in der Industrie über einen beachtlichen Zeitraum eingeschliffen. Berechnungssoftware hat bereits eine längere Tradition als CAD/CAM. Die ersten Untersuchungen von Bauteileigenschaften mit Hilfe von Computern fanden noch auf Lochkarten statt. Und es entwickelte sich ein relativ klar abgegrenzter Kreis von Anwendern, der sich im Laufe der letzten zehn Jahre nicht dramatisch verändert hat. Heute ändert sich die Anwendung von Analyseprogrammen mindestens ebenso schnell und grundlegend wie die der CAD/CAM-Technologie.

Automatisches Knotennetz

Moderne Berechnungssoftware besitzt die Fähigkeit zur automatischen Netzgenerierung. Diese bildet die Basis jeder FEM-Berechnung, die auf der Idealisierung des realen Bauteils durch ein Knotennetz finiter Elemente beruht.

Optimierung inbegriffen

Zusätzlich gibt es bereits einige Pakete, die eine automatische Optimierung der Produktgestalt aufgrund durchgeführter Berechnungen gestatten.

Ein Breitenmarkt für die Analyse

Schließlich ändert sich durch die Ausbreitung der 3D-Technologie die Gesamtsituation. Mit automatischer Netzgenerierung und automatisierter Optimierung wird Analyse für alle 3D-Konstruktionsabteilungen immer interessanter.

Aufgemischt

Einige Systeme – beispielsweise das noch ziemlich junge RASNA – spielen hier momentan die Vorreiter und haben den Markt in diese Richtung in Bewegung gebracht. Nun folgen die anderen Hersteller.

Die Anwendung solcher Programme erlaubt einen zusätzlichen Produktivitätsschub:

* Sie erfordern nicht mehr eine eigene Berechnungsabteilung, sondern gestatten – zumindest

für überschlägige Berechnungen und prinzipi-
elle Optimierungsvorschläge – dem Konstrukteur selbst die Anwendung. Damit werden sie
auch für die Masse der Klein- und Mittelbetrie-
be einsetzbar.

Keine großen
Vorkenntnisse
erforderlich

* Auch wenn der Betrieb über eigene Berech-
nungsingenieure verfügt, bedeutet diese Entwicklung einen großen Fortschritt, denn der
Einsatz kann zu einem viel früheren Zeitpunkt
mit erheblich weniger Aufwand erfolgen, insbesondere wenn ein 3D-Modell des Produktes bereits zur Verfügung steht.

Früherer Einsatz

* Schließlich wird die Entwicklung in den kommenden Jahren sehr stark durch die Portierung
entsprechender Technologien auf PC-Plattfor-
men unter Windows oder Windows NT geprägt.
Damit wird die Kostenschwelle nochmals deutlich herabgesetzt.

FEM für (fast)
jedermann

Aber wie im Falle der 3D-Konstruktion gibt es Hindernisse, die bei uns offenbar größer sind als beispielsweise in den USA. Während die Berechnungs-
ingenieure um ihre Stelle fürchten, wenn die Konstruktion teilweise ihre Aufgaben mit wahrnimmt,
haben die Konstrukteure erneut Angst, mit Aufgaben
belastet zu werden, die eigentlich nicht ihre sind.

Bremsklötze

Die Beispiele aus Nordamerika dagegen belegen,
daß die Einführung projektorientierter Entwicklungsteams die Ängste beider Bereiche abbauen. Es
wird zunehmend weniger wichtig, welche Person
letztlich diesen oder jenen Schritt ausführt. Das Ziel
ist wichtig. Und durch die gemeinsame Arbeit wächst
das Know How der einzelnen Ingenieure über ihr ur-
sprüngliches Spezialgebiet sehr schnell hinaus.

Das Ziel ist
entscheidend

Noch ein Grund für
3D-CAD

Umgekehrt hat sich sogar in einem der drei Betriebe in einem Pilotprojekt die mögliche, frühzeitige
Anwendung von Analyseprogrammen als eines der
entscheidenden Kriterien für den generellen Umstieg
auf 3D-Konstruktion herauskristallisiert.

4.4 Nicht ohne die Fertigung

Fertigung ausgegrenzt

Einer der schwerwiegendsten Fehler ist die Ausgren-
zung der Fertigung aus der eigentlichen Produktentwicklung. Selbst wenn sich die verschiedenen,
mehr oder weniger stark konkurrierenden Abteilungen um die Konstruktion herum einigermaßen
als Einheit fühlen, die Fertigung wird selten als integraler Bestandteil dieser Prozeßkette betrachtet.

95% 2D-CAD?
Kein Wunder!

Meines Erachtens liegt darin auch der wesentliche
Grund für die hierzulande bei weitem überbetonte
Bedeutung der 2D-CAD-Systeme und die mangelnde
Beachtung des CAM-Anschlusses. Der Ansatz 'Erst
einmal entwickeln wir das Teil, und dann kommt die
Fertigung zum Zug' ist nicht nur falsch, sondern
auch teuer. Denn erstens spielt die Fertigung ja schon
bei der Herstellung von Prototypen, Modellen und
Werkzeugen – also mitten im Entwicklungsprozeß –
eine wichtige Rolle. Und zweitens ist eine auch unter
Fertigungsgesichtspunkten optimale Produktentwik-
klung überhaupt nicht möglich, solange eine solche
Trennung aufrechterhalten wird.

Schon bei der Auswahl
einbeziehen

Heute sind wir von einer entsprechenden Integra-
tion weit entfernt. In einem Unternehmen des Ma-
schinenbaus, das kürzlich auf einen 3D-Modellierer
umgestiegen ist, erlebte ich folgendes: Auf die Frage
nach den ersten Erfahrungen mit dem Modellierer
bekam ich die Antwort: „Im 3D-Bereich eine gute Lö-

sung. Aber mit der Erstellung normgerechter Zeichnungen ist es nicht weit her." Auf die erneute Frage, für welche konkreten Aufgaben Zeichnungen jetzt noch benötigt würden, hörte ich: „Na, für die Fertigung natürlich." Es stellte sich heraus, daß eine Einbeziehung der Fertigungsbereiche vor der Systementscheidung nicht stattgefunden hatte, daß genaue Kenntnisse über die Anforderungen von dort noch nicht vorlagen, und daß eine praktische Prüfung der Brauchbarkeit von NC-Programmen aufgrund der 3D-Modelle erst bevorstand.

Entscheidende Kriterien gar nicht geprüft

Wieder fallen alle guten Zielsetzungen und neuen Methoden in einen Graben zwischen verschiedenen Unternehmensbereichen. Ist dieser Graben zwischen der eigentlichen Entwicklung und der Fertigung besonders tief? Liegt es daran, daß manche Produkte, die seit Jahren auf dem Markt verfügbar sind, kaum zur Anwendung kommen? Beispielsweise wurde im Auftrag von Control Data ein System entwickelt, das eine weitgehend automatisierte Erstellung von NC-Programmen gestattet. Es kann sogar entscheiden, wieviele Aufspannungen nötig sind und welche Schritte in welcher Aufspannung durchgeführt werden sollen. Und es kann 'beurteilen', welche der im Betrieb zur Verfügung stehenden Maschinen für die anstehende Bearbeitung am besten geeignet ist. Als Eingabe benötigt das Programm lediglich eine 3D-Volumengeometrie, die mit beliebigen Systemen erstellt worden sein kann.

Was sich durchsetzt und was nicht

Statt solche zukunftsweisenden Technologien einzusetzen, kommt es derzeit eher zu einer Umkehr: Ein System, das aufgrund von Flächendaten eine schnellere NC-Bearbeitung gestattet als die herkömmlichen Flächenmodellierer, findet reißenden Absatz, obwohl die Qualität der fertigen Teile schlech-

Weniger genau, aber dafür unabhängig

ter ist. Aber dieses System ist in der Fertigung einsetzbar und erfordert keine Abstimmung zwischen Entwicklung und Produktion.

3D-CAD gerade wegen 3D-CAM

An den US-amerikanischen Beispielen fällt auf, daß die Unternehmen in erster Linie gerade wegen der Anbindungsmöglichkeiten der Fertigung auf 3D-CAD eingeschwenkt sind. Dieser Anreiz war sogar in allen drei Fällen so groß, daß der Umstieg bereits zu einem Zeitpunkt realisiert wurde, als die verfügbaren Systeme noch ziemlich weit vom heutigen Stand der Technik entfernt waren.

Wo die Produktivität winkt

Erst in der direkten Nutzung der Entwicklungsdaten durch die Fertigung kann ein echter Sprung nach vorn in der Produktivität erreicht werden. Und solange die Fertungsspezialisten nicht als aktiver Teil des Entwicklungsteams mit am Tisch sitzen, werden die Produkte weder optimal zu fertigen noch optimal zu montieren sein.

5 Visionen statt Blickwinkel

Manches Management zeichnet sich bei uns vor allem dadurch aus, daß es seine Verantwortung delegiert, und zwar an die Ebene unterhalb der eigenen. Welcher Technische Direktor kennt sich bei uns in Sachen CAD aus? Wer kann ernsthaft mitdiskutieren, wenn es um die Entscheidung 3D contra 2D geht? In den meisten Unternehmen gilt CAD als das Instrument der Konstruktion. Folglich muß der Konstruktionsleiter sich für ein entsprechendes System entscheiden. So wie sich der Fertigungsleiter für das passende CAM-System stark machen soll.

Kompetenz tut Not

Selbst Wirtschaftlichkeitsrechnungen sind zu oft schon vom Ansatz her eigentlich unbrauchbar: Wie kann sich ein teures 3D-System allein im Rahmen der Konstruktion rechnen? Ehrlich gesagt – gar nicht. Rein unter Konstruktionsgesichtspunkten gilt für den 3D-Umstieg wieder, was bereits beim Ersatz der Zeichenbretter durch 2D-CAD richtig und allenthalben anerkannt war: Bestenfalls wird sich der Einsatz 1:1 rechnen, also unter dem Gesichtspunkt der Wirtschaftlichkeit eher uninteressant sein.

Sinnvolle Berechnungen anstellen

Erst die ungeteilte Betrachtung des Nutzens eines 3D-Modellierers für alle Bereiche der Produktentwicklung, besser: für das gesamte Unternehmen, läßt die wirtschaftlichen Vorteile überdeutlich werden. Die Nutzung des Modells nicht nur innerhalb der Entwicklung, sondern auch für die Fertigung, darüber hinaus die Existenz stets aktueller Produktdaten, die problemlose Kommunikation mit Vertrieb,

3D-CAD ist für das Unternehmen, nicht für die Konstruktion

Marketing und Kunden, die einfache Art der Doku-
mentationserstellung und, und, und. Sobald der Einsatz eines 3D-Systems als Ganzes im Blickfeld steht,
werden Visionen möglich, die beim Projektteam an-
fangen und vielleicht bei der fraktalen Fabrik enden.
Bleibt das Ganze ein Mysterium, dann sind Vorteile
schwer zu erkennen und noch schwerer zu rechnen.

Einblick, Überblick,   Und was hier am Beispiel der Einführung von
Ausblick   Solid Modeling ausgeführt wurde, läßt sich ohne
weiteres auf jede andere Entscheidung beziehen, die
mit der Suche eines Auswegs aus den momentanen
Schwierigkeiten der Industrie zu tun hat. Sowohl die
zu findenden Strukturen als auch das passende In-
strumentarium der gesamten Produktentwicklung
verlangt eine ganzheitliche Betrachtungsweise und
ein effektives, übergreifendes Management. Dieses
Problem ist nicht dadurch zu lösen, daß einfach eine
oder gleich mehrere Hierarchiestufen entfernt werden. Die Praxis abgeteilter Entwicklungsbereiche, die
Gräben zwischen den Abteilungen, das im Vordergrund stehende Spezialistentum, der übertriebene
Perfektionismus des Ingenieurs haben unter anderem
zu diesen hierarchischen Strukturen geführt. Ändert
sich an dieser Praxis nichts, nützt das operative
Entfernen einer Organisationsform wenig.

Das Management   Von daher scheint es mir durchaus angebracht,
muß vorangehen   nicht nur die Arbeitsweise der eigentlichen Ingenieure – im Team und in der Abteilung – unter die
Lupe zu nehmen, sondern auch die Führungsebene in
die Betrachtung mit einzubeziehen. Wenn das Management nicht vorangeht und seine eigenen bisherigen Blickwinkel überprüft und weitet, dann sind
große Erfolge nicht zu erwarten. Wenn sich dort nicht
Innovationsgeist bei der Formulierung von Ent-
wicklungszielen und bei der Organisation neuer

Strukturen zeigt, wird es auch künftig an innovativen
Produkten mangeln.

Die folgenden Kapitel handeln von den Ansätzen
und bereits erfolgreichen Lösungen dreier nordame-
rikanischer Unternehmen – Ross Valve in Georgia,
AT&T Global Information Systems in Kanada,
Leviton in New York. Alle drei sind bereits Ende der
80er Jahre auf 3D-Konstruktion umgestiegen, zwei
von ihnen ohne den Zwischenschritt 2D-CAD. Unterschiedliche Produkte und unterschiedliche Entwick-
lungs- und Fertigungsmethoden lassen den gemeinsamen Vorteil von 3D-CAD/CAM/CAE-Anwendung
und Concurrent Engineering um so deutlicher her-
vortreten.

Das Gemeinsame ist der Erfolg mit neuen Methoden

Daß es in den USA auch genügend Gegenbei-
spiele gibt, ist bekannt und soll durch die vorliegenden Beschreibungen nicht in Abrede gestellt
werden. Auch dort existieren Unternehmen, die keine Notwendigkeit oder zumindest keinen Weg sehen,
ihre traditionellen Entwicklungsmethoden zu ändern. Aber Betriebe wie die hier vorgestellten haben
einen wesentlichen Anteil am Wiedererstarken der
amerikanischen Industrie, die in den letzten Jahren
insbesondere der japanischen Konkurrenz mehr als
einmal erfolgreich Paroli bieten konnte. Und das
allein sollte Grund genug sein, die dort gemachten
Erfahrungen zu studieren.

Wo es um die internationale Konkurrenz geht

6 Ross Valve

Die *Ross Operating Valve Company* hat ihren Hauptsitz in Troy, Michigan. Das Privatunternehmen wurde 1920 gegründet, es entwickelt und produziert Pneumatik-Ventile und Steuerungsgeräte, die weltweit von großen Maschinenherstellern eingesetzt werden. Sie spielen zum Beispiel eine wichtige Rolle in Stanzpressen und ähnlichen Großanlagen. Ein Europa-Hauptquartier im hessischen Langen sorgt für die Belieferung und den Support auf unserem Kontinent. Zusätzlich gibt es ein Werk in Großbritannien und eine asiatische Zentrale in Japan.

International Druck erzeugen ..

Traditionell hatte sich die Produktpalette beständig ausgedehnt, und zwar durch kontinuierliche Erweiterung des Angebots an Standard-Ventilen und Steuereinheiten. Das Geschäft ging nicht schlecht, aber das Angebot von Ross war beileibe nicht konkurrenzlos. Der Druck des Marktes, schneller und günstiger zu liefern und die Kundenwünsche stärker

.. und auf Druck richtig reagieren

Bild 4: Das noch junge Entwicklungszentrum von Ross in Lavonia, Georgia.

zu berücksichtigen, forderte das Unternehmen heraus.

Neues Zentrum für F&E

Mitte der achtziger Jahre wurde ein neues Zentrum für Forschung und Entwicklung in Lavonia, rund 90 Meilen nordöstlich von Atlanta, Georgia, gegründet. Schon die Wahl des Ortes ist in gewisser Weise symbolisch für den Willen, etwas Neues zu machen. In der Regel finden sich nämlich in den Südstaaten zwar Fertigungsniederlassungen, aber die Forschungszentren liegen eher bei den Firmenzentralen im Norden.

Vier von der Uni

Mit der Einführung der CAD/CAM-Anwendung und mit dem Aufbau und Management neuer Entwicklungsprozesse im neuen Werk wurde ein Ingenieur beauftragt, der schon einmal in den Diensten von Ross gestanden hatte: *Al Weber.* Als Kern des Entwicklungsteams holte er sich vier Ingenieure direkt von der Hochschule. Auf die verwunderte Frage, ob er

Bild 5: Al Weber war seit Mitte der achtziger Jahre verantwortlich für den Aufbau der neuen Entwicklungsumgebung und die Implementierung von 3D-CAD.

denn keine Angst gehabt habe, daß die mangelnde
Praxiserfahrung sich negativ auf die Entwicklung-
sergebnisse auswirken werde, antwortet *Al Weber:*

„Wir wollten in erster Linie neue Dinge tun, neue   *Möglichst ungebremst*
Methoden anwenden und neue Lösungen finden.
Was kann dazu besser geeignet sein, als daß die
Ingenieure ihre noch frischen Eindrücke und Kenntnisse ungehindert einbringen können? Ohne bei
jedem neuen Vorschlag, bei jeder Idee zu hören: 'Nun
mal langsam! Das haben wir schon immer so gemacht. Vergiß erst einmal alles, was Du gelernt hast,
und schau Dir an, wie es in der Praxis zugeht.' Natürlich sollte das kein Freibrief für Spielereien und
unproduktive Versuche sein. Aber das war in meinen
Augen eine Frage der Verantwortung, die die neuen
Ingenieure übernehmen mußten."

In der Tat hatten sie die gesamte Verantwortung   *Eine hohe*
für 'ihr Produkt' zu tragen. Es erwies sich nämlich im   *Verantwortung*
konkreten Fall der Ventil- und Steuergeräteent-
wicklung als sinnvoll, daß jeweils ein Ingenieur für
ein Produkt zuständig ist – vom ersten Kunden-
kontakt bis zur Freigabe und Montage des fertigen
Teils.

Auch bezüglich der zu verwendenden techni-   *Von Null auf 3D*
schen Hilfsmittel, also vor allem der CAD/CAM/
CAE-Software, konnte in Lavonia gewissermaßen auf
der grünen Wiese begonnen werden. Und interes-
santerweise entschied sich das Entwicklungsteam
1986 für *MEDS*, das damalige 3D-Mechanik-Paket
von Intergraph. Auf die Installation eines 2D-Systems
als elektronisches Zeichenbrett wurde bewußt ver-
zichtet. Alle Beteiligten waren von den Vorteilen der
Konstruktion in Form räumlicher Modelle überzeugt, weil sie bereits an der Hochschule ihre Erfahrungen damit gemacht hatten. Und schon zum da-

maligen Zeitpunkt war die Softwaretechnik so weit, daß – sofern erforderlich – Schnitte und Ansichten aus dem 3D-Modell abgeleitet werden konnten.

Mit Draht und simplen Flächen

MEDS, Vorgänger des heute installierten *I/EMS 3,* war kein moderner Volumenmodellierer, sondern basierte im wesentlichen auf dem Drahtmodell. B-Splines und erst recht Freiformflächen waren nicht verfügbar. Auch sonst entsprach das System weder aufgrund seiner Funktionalität noch seiner Bedienerführung irgendwelchen Idealvorstellungen. Und im Vergleich zu verfügbaren Applikationen für die Erstellung von Fertigzeichnungen war es sicherlich auch nicht schneller – wenn man nur den reinen Konstruktionsaufwand berücksichtigte. Es waren übergeordnete Ziele, die Al Weber und seine Mitarbeiter zu dieser Entscheidung führten.

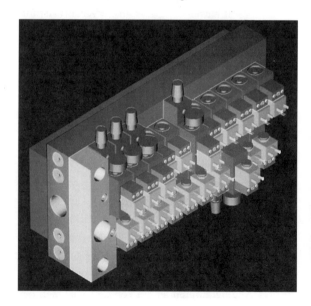

Bild 6: 3D-Modell eines Steuergerätes, das mit I/EMS entwickelt wurde.

Bessere Kommunikation

Da eines der wichtigsten Ziele der künftigen Entwicklung in größerer Kundennähe gesehen wurde, hatten die Formen der Verständigung mit dem Auftraggeber hohe Priorität. Und ohne Zweifel waren schattierte Darstellungen von dreidimensionalen Modellen erheblich besser geeignet, eine realitätsnahe Vorstellung der Konstruktionsziele zu geben, als traditionelle, technische Zeichnungen, die von vornherein alle nicht mit dem Lesen solcher Dokumente vertrauten Personen von der Kommunikation ausschließen.

Was der Kunde sofort versteht

Demgegenüber hatten die Nachteile des Drahtmodells untergeordneten Charakter. *Paul Reddel,* Nachfolger von *Al Weber,* der inzwischen in den Ruhestand ging, nimmt ein Blatt und skizziert eine Stufenbohrung: „Nehmen wir einmal an, in solch

Warum auf alles verzichten, wenn ein Teil nicht funktioniert?

Bild 7: Paul Reddel ist als Nachfolger von Al Weber heute in Lavonia Manager for ROSS/FLEX Engineering.

einem Bohrungsgrund müßte ein Spline zur Verfügung stehen, um die tatsächliche Form definieren zu können. Das ging damals nicht. Aber mußten wir deswegen darauf verzichten, die gesamte Bohrung zu modellieren?"

Ergänzungsbedarf An Stellen, die mit dem vorhandenen System nicht oder nicht ausreichend definiert werden konnten, wurden für die Fertigung 2D-Kurvenzüge übergeben oder manuelle Korrekturen vorgesehen. Aber von diesen Ausnahmen abgesehen war auch intern, vor allem in Richtung Bearbeitung, mit der neuen Form der Konstruktion eine deutlich bessere Verständigung möglich als mit herkömmlichen Zeichnungen.

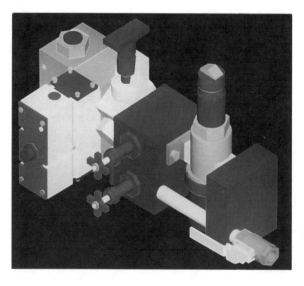

Bild 8: Wenn der Ingenieur sein Produkt bereits am Bildschirm zusammenbauen und überprüfen kann, lassen sich die meisten `Konstruktionsfehler´ vermeiden

Fehler vermeiden

Viele Kosten in der industriellen Produktion entstehen aus Fehlern, die als sogenannte 'Konstruktionsfehler' eingestuft werden. Das sind gewissermaßen Denkfehler des Konstrukteurs, die sich erst
zu einem späteren Zeitpunkt, z.B. bei der Herstellung
von Werkzeugen oder bei der Montage von Prototypen, zeigen. Alle derartigen Fehler beruhen aber
genaugenommen auf nichts anderem als der Diffe-
renz zwischen der 2D-Konstruktion und dem realen
Produkt. Sie sind auch von den besten Konstrukteuren nicht zu vermeiden, solange mit den unzu-
reichenden Mitteln ebener Darstellung gearbeitet
wird.

Von wegen
Konstruktionsfehler

Kollisionen zwischen Bauteilen, schlechte Nutzung des verfügbaren Raums, beispielsweise in einem Gehäuse, oder Materialverschwendung – alle
diese Unzulänglichkeiten lassen sich mit der 3D-Mo-
dellierung nahezu vollständig ausschließen. Insbesondere die Überprüfung des Zusammenbaus
schon vor der Herstellung irgendeines physikalischen Prototypen läßt soviel Kosten und vor allem
unnötig aufgewendete Entwicklungszeit sparen, daß
sich der Umstieg auf diese neue Methode der Konstruktion allein deswegen lohnt – und sich auch bereits 1986 lohnte, als die Software noch wesentlich
weiter von einem Zustand entfernt war, den wir als
perfekt bezeichnen würden.

Weil es offensichtlich
ist, ist es vermeidbar

Prototypen gespart

Automatisiert fertigen

Das größte Manko herkömmlicher Konstruktions-
weise sahen die Ingenieure in der Tatsache, daß die

Die Brücke von CAD
und CAM

daraus resultierenden Unterlagen immer nur ein Zwischenschritt auf dem Weg zur Fertigung sind. Insbesondere unter den Bedingungen der NC-Bearbeitung ist das ein Anachronismus, den sich eigentlich niemand leisten kann. Geometrien müssen gefiltert, erneut eingegeben, von unnötigen Zusatzinformationen befreit und in eine für die NC-Programmierung geeignete Form gebracht werden. Ein ziemlicher Aufwand, der ein gutes Stück Produktivität, die durch den Wechsel von der manuellen Maschinenbedienung zur NC-Programmierung erzielbar ist, verschenkt.

Und immer wieder:
Noch mal von vorn

Erst recht negativ wirkt sich dieser Anachronismus bei Zeichnungsänderungen aus: Zwar ist relativ schnell in einer 2D-Konstruktion eine Korrektur vorgenommen, aber ihre Umsetzung in entsprechend modifizierte NC-Programme erfordert

Bild 9: Ein fertiges Gerät. Zur Präsentation seine funktionellen Bestandteile wurde es aufgeschnitten. Auch solche Darstellungen sind heute am Bildschirmmodell möglich.

unter Umständen nicht weniger Zeit als beim ersten Mal.

Durch den Einsatz des 3D-Modellierers sollten hier von Anfang an Nägel mit Köpfen gemacht werden. Soweit es möglich war, sollten die NC-Programme aufgrund des 3D-Modells erstellt werden. Dabei ging und geht man allerdings pragmatisch vor. Auch derzeit gibt es noch bestimmte Bearbeitungsschritte und vor allem Zyklen, die mit vorhandenen Makros schneller und besser programmiert sind als mit einer vollautomatischen Ableitung der NC-Sätze aus dem CAD-System heraus. Mit anderen Worten: Es werden nicht Prinzipien geritten, sondern das Machbare wird praktiziert.

Pragmatisch, aber konsequent

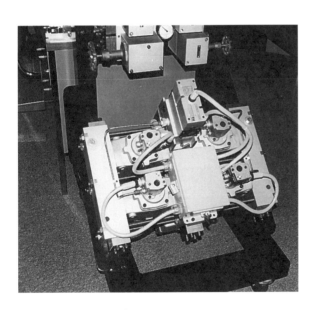

Bild 10: Eines der komplexen Steuergeräte, die im ROSS/FLEX-Service speziell auf den Kundenbedarf zugeschnitten entwickelt werden.

Der Ross/Flex-Service

Das Resultat:
Völlig neue Methoden

Markenzeichen
'FLEX'ibel

Das Ergebnis der mutigen Anfangsentscheidungen des Forschungszentrums von *Ross* überstieg in der Praxis die gesetzten Erwartungen erheblich. Denn ganz abgesehen von der Verbesserung der Qualität, der Beschleunigung der Entwicklung und der Senkung der Kosten, kristallisierte sich – wie von selbst – nicht nur eine ganz neue Art von Produktentwicklung, sondern eine ganz neue Produktart heraus, die heute zu einem der wichtigsten Markenzeichen von Ross geworden ist. *Ross/FLEX-Service* nennen es die Ingenieure stolz, denn es ist Ergebnis und Ausdruck einer enormen Flexibilität gegenüber den Wünschen ihrer Kunden.

Bild 11: Ohne ROSS/FLEX-Service würden solche Apparaturen noch wesentlich mehr Raum beanspruchen, da dann die vielfachen Funktionen durch einzelne Standardbauteile erfüllt werden müßten.

Der Auftragsablauf läßt sich etwa so beschreiben:

* Der verantwortliche Ingenieur untersucht im *Bedarf*
  Gespräch mit dem potentiellen Auftraggeber
  dessen konkreten Bedarf. Dabei werden die
  Rahmenbedingungen für das einzubauende
  Teil erfaßt, gewichtet und diskutiert.

* Mit diesen Kenntnissen geht der Ingenieur an *Modell*
  die Modellierung des Gerätes, wobei er natürlich auf vorhandene Standardbauteile zurück-
  greift. Er läßt sich aber nicht von der existieren-
  den Produktpalette einschränken. Möglicherweise ist statt der Kopplung von fünf verschiedenen Einzelventilen ein neues Gerät mit
  der entsprechenden fünffachen Funktionalität
  wesentlich günstiger.

* Aufgrund der Modelldaten wird mittels NC- *In 72 Stunden:*
  Bearbeitung ein Prototyp hergestellt. Dabei *einbaufähiger Prototyp*
  garantiert Ross heute jedem Interessenten, in-
  nerhalb von maximal 72 Stunden einen ein-
  baufähigen Prototypen zur Verfügung zu stellen. Und oft werden solche Apparaturen ko-
  stenlos entwickelt und vorgeführt, noch bevor
  ein Auftrag überhaupt erteilt wurde.

* Anhand der demonstrierten Lösung werden mit *Variabel*
  dem Kunden erneut Alternativen besprochen.
  Häufig regt erst der Prototyp dazu an, ganz andere Varianten durchzuspielen, auf die der Auftraggeber vorher gar nicht kommen konnte.

* Änderungen des Gerätes sind mit Hilfe der 3D- *Anpassung noch*
  Modellierung noch wesentlich schneller zu rea- *schneller*
  lisieren als der erste Versuch.

* Schließlich steht dem Kunden ein vollständig an *Eine höchst*
  seinen besonderen Anforderungen ausgerich- *persönliche*
  tetes Produkt zur Verfügung. Und es ist oben- *Steuereinheit*

Here's how the *ROSS/FLEX* process works for you...

It all begins with you and your company.

A ROSS/FLEX **Technical Specialist**, familiar with your industry, will meet with you and help analyze your specific applications, in light of your company's goals or objectives. Working together, you'll discuss various options and then plan customized air controls: units that will do precisely what *you* want done— nothing more, nothing less!

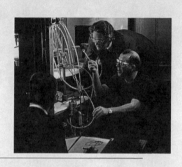

The Technical Specialist then reviews all your needs, objectives, and design requirements with one of our ROSS/FLEX **Design Engineers**. These are skilled specialists with advanced training in our state-of-the-art ROSS/FLEX process and technologies. They will interpret your product specifications and design the actual product configurations to meet your particular needs.

From their computer-based designs and models (available to you immediately), the engineers then generate tool path programs for our fully-automated machining centers. A working prototype of your ROSS/FLEX product can be completely machined, with no time-consuming drawings, costly special tooling, or labor-intensive handling and machining procedures.

Within *days*, a completed product is available for your evaluation and use. Rapid response to your needs is the key objective for everyone involved in ROSS/FLEX service!

Bild 12: So wird der ROSS/FLEX-Prozeß den Kunden nahegebracht. Das 3D-CAD-Modell und die mit seiner Hilfe in Rekordzeit NC-gefertigten Prototypen stehen deutlich im Mittelpunkt.

And, the service goes on...

As you can see, the advanced technologies used in ROSS/FLEX service have greatly improved the speed and the economics of custom product development. They also offer other advantages:

Several ROSS/FLEX customers have found that when a completely unique new product is brought into the picture, it stimulates other fresh ideas. You may find that an additional functional element could expand the unit's versatility. Maybe a smaller version could be mounted in a new and different way.

Since all the engineering and manufacturing designs are in our computers, rather than on stacks of paper drawings, modified versions of your product can be built even more quickly than the first.

"A unique system solution, tailored to *your requirements...*"

Imagine the situation— A maze of air valves, tubing, and pipe connections; cumbersome on your equipment; time-consuming and expensive to assemble, install and maintain. You want something better, but you just can't find any good alternatives...

A. You call in our technical specialist, who helps define and interpret your requirements. He then contacts the ROSS/FLEX engineering team, to design your new air control system.

B. Just hours later, the product begins to take shape in our state-of-the-art systems. Soon, machine tool paths are programmed for the highly-automated manufacturing process.

C. Using proven ROSS internal valve components, a prototype of your new product is manufactured and delivered to you for testing. Approved units can then be reproduced by our automated machining centers.

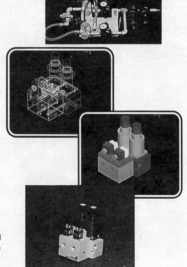

drein in der Regel auch noch schneller verfügbar als eine Lösung auf Basis von Standardteilen. Derselbe Ingenieur, der zu Beginn den Bedarf festgestellt hat, ist auch bei der endgültigen Montage und Freigabe vor Ort. Er kann sich nicht nur von der Funktionstüchtigkeit überzeugen und eventuell weitere Wünsche mit aufnehmen, sondern er erlebt auch persönlich den Erfolg, den seine Entwicklung für den Kunden bedeutet.

So hängt man Konkurrenz ab

Mit dieser Art von Flexibilität hat *Ross* nun seinerseits Maßstäbe gesetzt, die bislang keiner der Konkurrenten erreicht. Für den *Ross/FLEX-Service* gibt es keinen direkten Mitbewerber. Der Mut zu unkonventionellen Maßnahmen beim Aufbau und in der Führung des Entwicklungszentrums hat sich gelohnt.

Durchgängigkeit einmal anders

Die durchgehende Verantwortlichkeit der Ingenieure hat eine ganze Reihe von Vorteilen hervorgebracht, von denen sich niemand bei Ross Valve mehr trennen möchte.

Nur Entwicklungsingenieure

Eigentlich gibt es dort keinen Konstrukteur in diesem Sinne, sondern nur Entwicklungsingenieure. Jeder von ihnen ist auch für den gesamten Einsatz der softwaretechnischen Hilfsmittel zuständig, die in diesem Fall alle in einem integrierten System verfügbar sind: *I/EMS 3*. Daraus resultiert nicht nur ein besseres Know How jedes einzelnen, es macht die Anwender auch sehr flexibel im Einsatz des jeweils nötigen Moduls. Und es gestattet die volle Ausnutzung der

Allround-Anwender

durchgängigen Datenstruktur – wiederholte Eingabe und Schnittstellenprobleme entfallen.

Noch wichtiger als diese Gesichtspunkte scheint aber zu sein, daß unter solchen Voraussetzungen die Software viel klarer als reines Mittel zum Zweck betrachtet wird. Sie ist nicht mehr Wunderwaffe, aber auch nicht die Maschinerie, der man sich unterwirft. *Al Weber* formuliert das so:

Die Klippen umschiffen, statt hängenbleiben

„If you are looking for trouble, you'll find some. Wer immer mit demselben Modul arbeitet, weil er einfach nur ein kleines, eingeschränktes Tätigkeitsfeld hat, der fühlt sich erheblich stärker durch Mängel gestört. Er muß perfekt funktionieren, also muß es sein Werkzeug auch. Er hat viel stärker seinen eigenen Arbeitsschritt vor Augen. Wenn jemand wie bei uns alle Module einsetzt, dann fallen ihm gewisse Schwachstellen natürlich auch auf. Aber er hat gar kein Interesse, sich dabei aufzuhalten. Denn der nächste Schritt ist auch seiner. Er würde sich selbst und damit auch das in Sichtweite stehende Erfolgs-

Tätigkeit eingeschränkt – Blickfeld eingeschränkt

Das Ziel steht vorn

Bild 13: Einer der I/EMS-Arbeitsplätze mit Doppelbildschirm, die bei Ross im Einsatz sind. 1990/91 lösten sie die zunächst installierten MEDS-Systeme ab.

erlebnis bremsen. Also sucht er viel intensiver nach dem schnellstmöglichen Weg, um auch trotz eines Fehlers im System sein Ziel zu erreichen."

Übertragbarer Nutzen   Diese Form der durchgängigen Nutzung eines Systems ist natürlich nur in besonderen Fällen, abhängig von der Art des Produktes, möglich. Aber sie führt das Prinzip und seine positiven Aspekte sehr deutlich vor. Und dieses Prinzip läßt sich ohne große Anstrengungen übertragen: von der einzelnen Person des Entwicklungsingenieurs auf ein Team von Entwicklern, die genauso durch das Projektziel geleitet sind wie in diesem Fall der einzelne.

Statt Schuld für Fehler – Verantwortung für das Produkt   Schließlich drückt sich die hohe Verantwortung jedes Ingenieurs auch in einem entsprechend hohen Verantwortungsbewußtsein gegenüber dem Gesamtunternehmen aus. Maßnahmen, die Unternehmensressourcen – Werkzeug, Maschinenkapazitäten und vor allem Zeit – sparen helfen, sind in Lavonia Bestandteil persönlichen Erfolgs. *Al Weber:* „Einer meiner Mitarbeiter stellte plötzlich fest, daß er alle Bearbeitungsschritte in einer einzigen Aufspannung erledigen konnte, statt wie ursprünglich vorgesehen *Entdeckerstolz*   in drei. Er war stolz auf diese Entdeckung, weil er die Unternehmensziele zu seinen eigenen gemacht hat."

Vorreiters Vorsprung

Eine keineswegs nebensächliche Begleiterscheinung mutiger, unkonventioneller Vorgehensweisen ist die Tatsache, daß der Vorreiter eben in vieler Hinsicht einen Vorsprung hat. Bei *Ross* waren 1990/91, als der Wechsel zur Volumenmodellierung mit *I/EMS* erfolgte, schon so reichhaltige 3D-Erfahrungen vorhanden, daß diese neue Technologie tatsächlich als

erhebliche Erleichterung der Arbeit aufgenommen
wurde. *Al Weber:* „Selbst studentische Aushilfen und
Neulinge in CAD konnten mit der neuen Benutzer-
oberfläche und den Möglichkeiten des Solid Modeling praktisch ohne Grundschulung umgehen."

Daß dies vor allem auf die vorhandenen Erfahrungen des Entwicklungsteams zurückzuführen war,
scheint um so klarer, wenn man diese Beschreibung
vergleicht mit den Anfängererfahrungen von Anwendern, die zum selben Zeitpunkt erstmalig mit 3D-
Konstruktion konfrontiert wurden: Die meisten
hatten ihre liebe Mühe und fluchten auf die Komplexität der Softwaresysteme, die auch zu diesem
Zeitpunkt noch ein gutes Stück entfernt waren von
den intuitiven und intelligenten Bedienoberflächen,
wie wir sie heute kennen.

Es ist mit Nachteilen verbunden, stets auf Vor-
bilder, Beispiele und perfekte Hilfsmittel zu warten.
Der Vorsprung der Vorreiter ist dadurch um so
schwerer aufzuholen.

So denkt das Team in Lavonia heute bereits über die
nächsten Schritte nach: Eines der anstehenden Projekte wird die Realisierung eines Softwaretools für
dynamische Luftflußsimulation sein. Derzeit sind
nur statische Untersuchung verfügbar. Das geplante
Tool soll mit den 3D-Volumendaten umgehen können. Die Realisierung liegt beim Hersteller der Standardsoftware, aber von *Ross* kommen die gezielten
Vorschläge und Wünsche bezüglich der Funktionalität.

*Erleichterung, wo
andere fluchen*

*Erfahrung rechnet sich
immer*

*Und schon kommt der
nächste Schritt*

7 AT&T, Waterloo

AT&T Global Information Systems hat den Firmensitz in Waterloo, Ontario, unweit der kanadischen Metropole Toronto. Das Unternehmen hieß bis vor wenigen Jahren *NCR Waterloo* und beschäftigt mehrere hundert Mitarbeiter in der Entwicklung und Fertigung von Maschinen für Banken. Die Maschinen gibt es in vier verschiedenen Größen vom kleinen, auf dem Tisch zu plazierenden Gerät bis hin zu gro-

Die Maschinen hinter den Schalterräumen

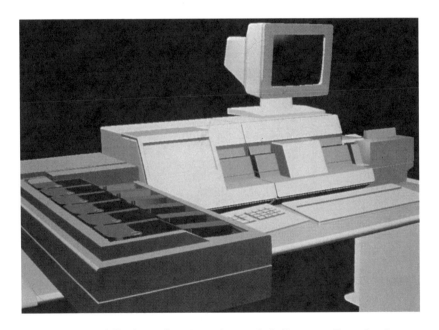

Bild 14: 3D-Modelle der Industrie-Designer sind die Grundlage für die Produktentwicklung bei AT&T in Toronto. In realitätsnaher Umgebung werden die Maschinen schon dem Kunden gezeigt, bevor das erste Teil detailliert ist.

ßen, freistehenden Systemen. Sie dienen der Bedruk-
kung, Kodierung und Sortierung von Schecks.

DFA-Visionen führen
1987 zu 3D

Die Entscheidung für den Einsatz eines 3D-CAD-
Systems als Herzstück der Konstruktion und Produktentwicklung fiel auch in diesem Unternehmen
bereits 1987. Auslöser für die Suche nach einer entsprechenden Lösung war die Forderung des da-
maligen Managers *Gene Devol* nach der Einführung
neuer Entwicklungsmethoden. Er war davon überzeugt, daß immense Kosteneinsparungen und Ver-
besserungen der Marktposition möglich wären, wenn
sich Konstrukteure und Entwickler in erster Linie auf
die Fertigbarkeit ihrer Produkte konzentrierten. Seine Vision wurde unter der Losung *Design For
Assembly (DFA)* zum Motor einer vollständigen Um-
strukturierung der gesamten Produktentwicklung
und Fertigung.

Pilotprojekt in
Teamarbeit

Die Installation von *GEOMOD*, dem Vorgänger
von SDRC's *I-DEAS Master Series*, die heute in Water-

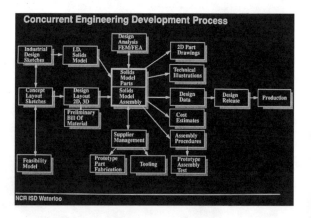

*Bild 15: Eine große Zahl von Applikationen ist in der
gesamten Produktentwicklung im Einsatz. Die Grafik
veranschaulicht gut, daß das 3D-Volumenmodell dabei einen Mittelpunkt einnimmt.*

loo auf 19 Arbeitsplätzen rund 30 Mitarbeitern zur
Verfügung steht, erfolgte nach einem Pilotprojekt auf
vier Workstations. Schon in dieser Phase waren alle
Disziplinen der Produktentwicklung an der Entscheidung beteiligt.

Wichtigstes Kriterium für den Entschluß, ohne *Weil die*
den Zwischenschritt der 2D-Zeichnungserstellung in *Kommunikation*
Solid Modeling einzusteigen, war auch bei *AT&T* die *entscheidend ist*
Kommunikation, wobei hier aufgrund der hohen
Komplexität der Produkte und der relativ großen
Zahl von Beteiligten dem internen Informationsaus-
tausch eine größere Rolle zufiel als dem mit externen
Stellen.

Die Bankmaschinen haben ein ausgesprochen kom- *Die Maschinen in der*
pliziertes Innenleben. Sie enthalten unter anderem: *Maschine*

* zwei Kameras, die schwarzweiße Bilder mit einer Auflösung von 200 dpi beziehungsweise
  Darstellungen mit 4-Bit-scalierten Grautönen
  erzeugen;
* zwei Tintenstrahldrucker zur Aufbringung von
  Text und Grafik auf den Schecks;
* einen Thermo-Kodierer, der mit magnetischer
  Tinte einen Kode druckt; es werden Standard-
  zeichensätze benutzt;
* sowie einen Magnetkartenleser zur Identifika-
  tion von Bedienpersonal beziehungsweise Kunden.

An die Funktionalität der Maschinen werden höchste *Starke Leistung*
Ansprüche gestellt. Sie müssen nicht nur absolut ge-
nau und zuverlässig, sondern auch mit größt-
möglichem Tempo ihren Zweck erfüllen: Bis zu 100
Dokumente pro Minute sind zu kodieren und bis zu

400 pro Minute zu sortieren. Zusätzlich zu dieser Aufgabenbandbreite fällt die Erstellung von Statusberichten, Journaldateien und Microfilmen an.

Unters Mikroskop –
oder ins 3D-System

Die Produkte setzen sich also aus einer Vielzahl teilweise mikroskopisch kleiner mechanischer und elektromechanischer Bauteile zusammen. Gefertigt werden die Einzelteile zu einem Großteil als Kunststoffspritzguß, aber insbesondere bei Gehäuseteilen kommt auch Aluminiumdruckguß zum Tragen.

Komplett in 3D
konstruiert

Das erste Projekt, das komplett in 3D entwickelt wurde, war eine Maschine mit der Bezeichnung *7731*. Dieses Tischgerät ergänzte die vorhandenen großen Maschinen, wobei der Funktionsumfang keineswegs

Bild 16: Der Ausschnitt des 3D-Modells einer Maschine von AT&T: 3D-CAD hilft hier, Probleme vorwegzunehmen, die sonst erst beim Zusammenbau auftreten.

geringer sein sollte – lediglich der Durchsatz war nicht mit dem der Großen vergleichbar. Statt 400 Schecks pro Minute drehte es sich hier eher um 500 pro Tag.

Zentraler Bestandteil der neuen Entwicklungs-strukturen, die nun zum ersten Mal praktisch er-probt wurden, war das Team, das im Kern aus fünf Maschinenbauingenieuren und vier Konstrukteuren bestand. Gemeinsam mit ihnen wurden aber von vornherein Vertreter der Fertigung, des Produkt-managements, des Vertriebs und der Elektronikent-wicklung zusammengefaßt – in diesem Projekt tat-sächlich auch örtlich, um der Kommunikation inner-halb der Gesamtgruppe keinerlei Hindernisse in den Weg zu legen.

Um es vorwegzunehmen: Der ohnehin ziemlich eng gesetzte Zeitrahmen wurde um Monate unter-

Das Team als Herz der Entwicklung

Und alle waren dabei

Schneller als geglaubt

Bild 17: Peter Myshok ist bei AT&T in Kanada für die gesamten CAD/CAM-Anwendungen im Bereich der Mechanik-Entwicklung verantwortlich.

schritten. Innerhalb von 19 Monaten war die *7731* reif für die Serienproduktion. *Peter Myshok*, verantwortlich für die Betreuung der Softwareanwendungen im Entwicklungsumfeld, schätzt: „Mit herkömmlichem Prozedere und ohne den Einsatz von Solid Modeling hätten wir gut zwölf Monate länger gebraucht."

3D-Rolle   Seine Beschreibung des Projektverlaufes macht sowohl den regen Informationsfluß innerhalb des Teams als auch die Rolle deutlich, die hierfür das 3D-CAD/CAM-System gespielt hat:

Konzept-Modell   * Nach der gemeinsamen Definition der Anforderungen an das neue Produkt begann die Entwurfsarbeit von Designern und Ingenieuren. Beide Gruppen arbeiteten sehr eng zusammen. Dabei wurde in diesem Anfangsstadium noch die meiste Arbeit am Zeichenbrett erledigt. Aber auf seiten der Designer entstanden jetzt die ersten 3D-Konzept-Modelle.

Erst einmal
die Außenform   * Nach der prinzipiellen Entscheidung, welcher der alternativen Entwürfe ausgeführt werden sollte, wurde von den Industriedesignern ein detailliertes Volumenmodell erstellt, das zunächst ausschließlich die äußere Hülle des neuen Produktes beschrieb.

Funktional zergliedert   * Dieses Modell war nun in Bauteile zu untergliedern. Parallel gingen die Konstrukteure an die Ausgestaltung der einzelnen Module. Jeder war für sein 3D-Modell und die Erstellung verschiedener, assoziativ damit verbundener Zeichnungen verantwortlich. Das langsam daraus entstehende Volumenmodell des Gesamtproduktes stand dem Projektleiter zur Verfügung.

Unter den Bedingungen der Gruppenarbeit zeigte *Phasenverschiebung*
sich bald eine grundsätzliche Verschiebung der Ent-
wicklungsphasen gegenüber den bekannten Ab-
läufen:

Traditionell:

Früher gab es drei Phasen, die sich jeweils in den *Einzelgänger*
Modellen A, B und C manifestierten.

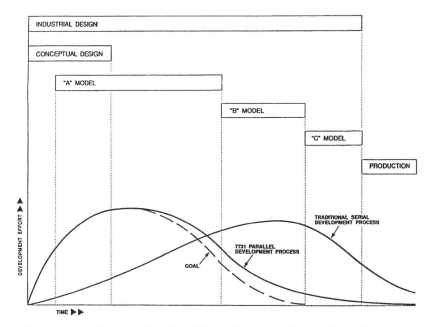

*Bild 18: Die Grafik veranschaulicht die Produktentwicklungsphasen bei AT&T
vor und nach Einführung von Concurrent Engineering. Die parallelen Prozesse
führen gegenüber traditionellem Vorgehen zum tendenziellen Wegfall der Phase C.*

* Modell A war dabei der erste funktionstüchtige Prototyp – eine reine Einzelanfertigung. Modellbauer und Werkzeugmacher waren involviert, um mit den Vorbereitungen der zeitaufwendigen Arbeiten schon zu beginnen. Das Modell wurde intensiven Tests und Versuchen unterzogen.

Annäherung

* Modell B unterschied sich meist durch eine Reihe von Änderungen, die sich aufgrund der Tests mit dem Prototyp als erforderlich erwiesen hatten. Mit diesem zweiten Modell konnten nun Zeichnungssätze an Zulieferer vergeben werden. Erneute Tests des Modells, das von den Ingenieuren montiert wurde, führten zum dritten Modell C.

Endlich am Ziel

* Und erst dieses Gerät, das nochmals kleinere Änderungen gegenüber der zweiten Ausführung aufwies, war regulär zu fertigen und reif für die Serienproduktion. Die gültigen Zeichnungen und Fertigungsunterlagen wurden verteilt.

Concurrent Engineering:

Mehr Aufwand in Phase A, aber dafür schon fast am Ziel

* Bei der *7731* fiel der größte Teil der Entwicklungsarbeit schon beim Modell A an. Und zwar überwiegend in einem Zeitraum, da es noch gar kein physikalisches Modell gab. Die wesentlichen Detaillierungen konnten bereits am Bildschirm überprüft und optimiert werden. Diese Phase war länger, und das letztlich daraus resultierende Modell war bereits sehr nahe am Zustand des Endprodukts.

* Die Änderungen in den Modellen B und C waren nur noch minimal und nicht mit den teilweise schwerwiegenden Modifikationen früherer Projekte zu vergleichen.

'Korrektürchen'

* Der Ablauf läßt darauf schließen, daß künftig die bisher notwendige Phase C vollständig entfallen wird. Für *Peter Myshok* ist es keine Frage, daß die 3D-Volumenmodellierung dabei eine überragende Bedeutung hat. Er zählt die Vorteile der neuen Entwicklungsweise mit Solid Modeling auf:

Eine Phase weniger

1. Kommunikation:

Die 3D-Darstellungen mit GEOMOD waren so realitätsnah, daß sie eine enorme Verbesserung sowohl

Frühere Entscheidungen

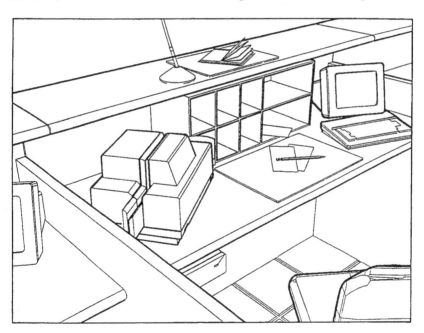

Bild 19: Statt handgefertigt aus dem Computer: Eine Skizze der Designer, die die neue, kleine Tischmaschine 7731 auf dem Schaltertisch zeigt.

der internen Kommunikation zwischen mechanischer Konstruktion, Elektronik-Entwicklung, Industriedesign, Fertigung und Qualitätskontrolle brachten als auch nach außen beispielsweise zu den Werkzeug- und Formenbauern. Diese Tatsache gestattete sehr früh, wichtige Entwicklungsentscheidungen zu fällen.

2. Industriedesign:

Mehr Alternativen durchspielen   Das Industriedesign war imstande, wesentlich mehr Alternativen durchzuspielen, als dies mit Schaum-

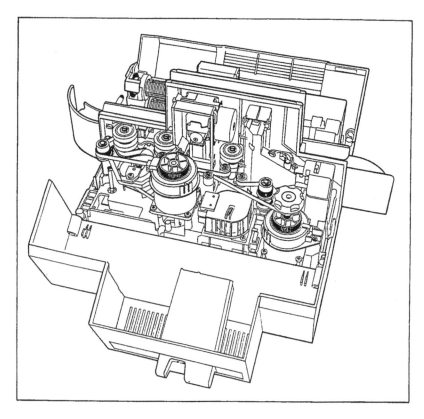

Bild 20: Komplexe Baugruppen als 3D-Darstellung. Viele früher notwendige Dokumentationen lassen sich durch automatisch erzeugte Ansichten ersetzen.

stoffmodellen möglich gewesen wäre. Und die 3D-
Modelle der Designer konnten von den anderen
Ingenieuren unmittelbar verwendet, vervollständigt
und mit Baugruppen gefüllt werden. Fehler aufgrund
von Mißverständnissen zwischen diesen beiden
Gruppen konnten gar nicht erst entstehen.

3. Design For Assembly:

Ein wesentlicher Inhalt des DFA-Konzeptes war, *Weil Komplexität*
Produktkosten zu senken, indem Teile mit vielfachen *durchschaubar wird*
Funktionen entwickelt und möglichst viele Verbin-
dungs- und Befestigungselemente vermieden wurden. Das führte zu einer erhöhten Komplexität des
Einzelteils. Und hier war das Volumenmodell eine extrem große Hilfe für die Konstrukteure, weil die Visualisierung der tatsächlichen Verhältnisse Material-
kollisionen ausschloß – bei den Plastikteilen ebenso
wie beim Aluminiumgehäuse.

4. Kollisionsprüfung:

Auch beim Zusammenbau der Maschine, die schließ- *Ohne teure Prototypen*
lich sehr viele geometrisch hochkomplexe Teile auf
kleinstem Raum beinhaltete, half die sehr einfache
Überprüfung von Überschneidungen dem Team,
manch teuren Prototypen zu vermeiden und Werk-
zeugfehler zu minimieren.

5. Hohe Zeichnungsqualität:

Da alle Zeichnungen automatisch aus dem Modell *Selbst die Zeichnung*
abgeleitet waren, gab es keinerlei geometrische Feh- *wird verständlicher*
ler oder Mißverständnisse. Zusätzlich wurden an
komplizierten Stellen isometrische Detailvergrös-
serungen hinzugefügt. Das geschah ohne Aufwand,
aber mit hohem Nutzen für die Verständigung.

6. Der Nutzen für andere Applikationen:

Zahllose Nutznießer   Für die technische Dokumentation wurden etwa 50 isometrische Zusammenstellungsansichten aus dem Modell gezogen. Für die Fertigung konnten Explosionsdarstellungen abgeleitet werden, die sich dann in den Montageanleitungen wiederfinden ließen. Zusätzlich zu den Fertigzeichnungen wurden den Werkzeug- und Formenbauern 3D-IGES-Dateien für einige der komplexen Kunststoffteile zur Verfügung gestellt. Und das Modell A wurde mit NC-Programmen gefertigt – ohne eine einzige 2D-Zeichnung.

3D und Concurrent   *Peter Myshok* sieht einen engen Zusammenhang
Engineering – zwei   zwischen dem Erfolg der bei AT&T entwickelten For-
Seiten einer Medaille   men der projektbezogenen Teamarbeit und dem 3D-Modell: „Ohne das Volumenmodell wäre dieser Er-

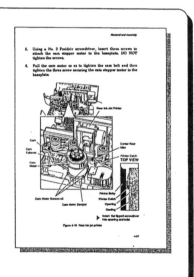

Bild 21: Auch für diverse technische Dokumentationen werden die Daten des CAD-Modells genutzt. Hier eine Montageanleitung mit Detailvergrößerung.

folg nicht möglich gewesen. Aber ohne eine Entwicklungsumgebung des Concurrent Engineering, wie wir sie realisiert haben, wäre auch niemals ein solcher Nutzen aus der 3D-Konstruktion zu ziehen."

Ich hatte auch die Gelegenheit, mit dem Manager der gesamten, auf Workstation arbeitenden Entwicklung, *Martin Hynd*, zu sprechen. Auf die Frage nach dem Grund für den Einsatz der 3D-Technik zu einem Zeitpunkt, da allgemein Übereinstimmung darin herrschte, sie sei als zentrales Konstruktionswerkzeug noch nicht genügend ausgereift, antwortete er:

„Es kommt entscheidend auf die Aggressivität der Entwicklungsziele an. Wenn wir die Ziele so setzen,

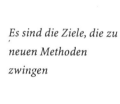

Warum so früh?

Es sind die Ziele, die zu neuen Methoden zwingen

Bild 22: Martin Hynd, Manager bei AT&T, kennt europäische und nordamerikanische Verhältnisse aus langjähriger Praxis. Neue Methoden einzuführen, erscheint ihm hier einfacher als auf dem alten Kontinent. Die Angst vor Neuerungen ist nicht so groß.

daß sie eventuell mit den vorhandenen Methoden und Instrumenten zu erreichen sind, bleibt alles beim alten. Stecken wir sie aber so hoch, daß das gar nicht möglich ist, dann sind wir gezwungen, neue Lösungen zu finden. Es waren die extrem hohen Ziele, die uns damals auf 3D gestoßen haben. Es war die einzige Chance, unserem Ziel näherzukommen."

Martin Hynd, der seit acht Jahren in Waterloo tätig ist, kommt ursprünglich aus Schottland, kennt also europäische Verhältnisse aus eigener Erfahrung. Auf seine Meinung über die unterschiedlichen Vorgehensweisen in den Staaten und auf dem alten Kontinent angesprochen, sagt er:

Stolz statt ängstlich

„Hier sind die Menschen stolz, wenn sie etwas Neues machen, einen neuen Weg beschreiten, ein Tool einsetzen, das noch keiner vorher genutzt hat. Und diese positive Einstellung überwiegt bei weitem die Angst vor den Unwägbarkeiten, die natürlich auch da ist."

Die Erfolge der neuen Prozeßformen und des Einsatzes der 3D-Modellierung lassen sich nicht nur in kürzeren Entwicklungszyklen messen. Eines der wesentlichen Ziele, die der damalige Manager *Gene Devol* seinerzeit anvisiert hatte, war ja die Konstruktion von einfacher zu fertigenden Maschinen gewesen. Und das Ergebnis ist in der Tat verblüffend. *Peter Myshok* führte mich in die Halle. In sogenannten Montagezellen werden hier die beschriebenen Maschinen zusammengebaut. In jeder solchen Zelle befanden sich jeweils einzelne Frauen oder Männer. Das war das gesamte Personal, das benötigt wurde. Kein Nachjustieren, kein Feineinstellen irgendwelcher Schrauben, jede Menge Schnappverbindungen – alles sitzt auf Anhieb so wie es sitzen soll.

Einfacher geht's nicht

Ein Mensch genügt

Peter Myshok: „Es gibt fast keine Nacharbeiten mehr. Wir müssen auch keine Ingenieure mehr im Umfeld der Fertigung bereitstellen, die letztlich die Funktionstüchtigkeit der montierten Maschinen garantieren. Und obendrein haben wir auf diese Weise die Montagekosten von mehr als 20 Prozent in früheren Zeiten auf weniger als 1 % der gesamten Produktkosten reduziert. Das Geheimnis liegt nicht in der Automatisierung der Montage. Das Geheimnis liegt in der besseren Produktentwicklung."

Nicht die Montage automatisieren - mehr Aufwand in die Entwicklung stecken

Insgesamt hat sich die Haltung der Ingenieure zur technischen Software im Verlauf der letzten Jahre deutlich verändert. Sie nutzen heute fast ausschließlich die zur Verfügung stehende Standardsoftware. Zusatzapplikationen werden immer weniger benötigt, Veränderungen und Anpassungen des installierten Systems sind inzwischen die absolute Ausnahme. *Peter Myshok*: „Und mit der neuesten Version der *I-DEAS Master Series* hat man uns ein regelrechtes Geschenk gemacht: Der *Team Data Manager* steigert die Produktivität unserer 3D-Konstruktion noch einmal erheblich, denn er unterstützt exakt unsere Art von Produktentwicklung. Das parallele Modellieren zusammengehöriger Bauteile wird dadurch noch leichter, denn das Programm übernimmt das Management der Daten und sorgt für kontrollierte Updates der vielen zu einer Maschine gehörenden Teile."

Standards, Standards

Der Manager im System

Dennoch hat *AT&T* es nicht besonders eilig gehabt, auf die *I-DEAS Master Series* umzurüsten. Die Anlaufschwierigkeiten der auf neuer, durchgehender Datenstruktur basierenden Software wurden abgewartet, das Ausbaden der 'Kinderkrankheiten' anderen überlassen. In Waterloo lief die 3D-Konstruktion ja schon und hatte dem Unternehmen längst zu einem großen Schritt nach vorn verholfen.

Keine Eile

8 Leviton

Das dritte besuchte Unternehmen war *Leviton* mit seiner Zentrale in Little Neck auf Long Island bei New York. Hier werden elektrische und elektromechanische Bauteile aller Art, von der Steckdose bis zum komplexen Schaltgerät, entwickelt und gefertigt. Im Unterschied zu den vorhergehenden Beispielen ist *Leviton* – wenn auch nur auf den ersten Blick - in Sachen CAD/CAM eher den üblichen Weg gegangen. Vom Brett über die 2D-Anwendung zur 3D-Konstruktion. Aber die Art, wie dieser Weg beschritten wurde, ist alles andere als üblich.

Was nach dem üblichen Weg aussieht

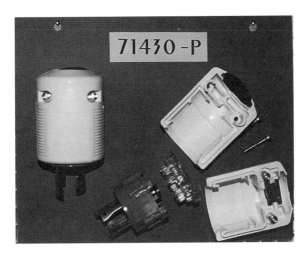

Bild 23: Es sind kleine, aber nur an der Oberfläche einfache Teile, die Leviton entwickelt. Seit 1991 wird nur in 3D konstruiert.

Erst kam 2D

1985 wurde zunächst eine 2D-Lösung gewählt, von der *Dennis Oddsen*, als Vice President Engineering auch für die technische DV-Landschaft verantwortlich, sagt: „Es war ein elektronisches Zeichenbrett – mehr nicht. Es brachte außerhalb der reinen Verbesserung in der Konstruktion keinen zusätzlichen Nutzen. Das war zu wenig."

und dann die Ernüchterung

Insgesamt waren schließlich 38 Terminals am Mainframe-Rechner angeschlossen. Weder existierte eine funktionierende Kopplung zur Bearbeitung, noch wurden irgendwelche anderen Applikationen mit den CAD-Daten versorgt.

Zukunftsmusik

1987 wurde *Dennis Oddsen* in einer „Solids Modeling Conference" in San Francisco hellhörig. Die Vorträge erweckten den Eindruck, daß die hier vorgestellten Techniken wesentlich mehr Vorteile für die gesamte Produktentwicklung bringen müßten. Bei

Bild 24: Dennis Oddsen ist Vice President Engineering bei Leviton in New York. Eine Solids Modeling Conference brachte ihn auf die Idee, 3D zu evaluieren.

Leviton begann kurz darauf die Untersuchung der   *Schauen, was*
konkreten Einsatzmöglichkeiten.   *machbar ist*

Ungewöhnliches Pilotprojekt

1989 startete ein Pilotprojekt, das hierzulande ver-   *Mutige Piloten,*
mutlich niemals zustandekommen würde, jedenfalls   *oder kühle Rechner?*
nicht in einem Industriebetrieb mittlerer Größe wie
Leviton: Zwölf Lizenzen eines der damals verfügbaren 3D-Volumenmodellierers wurden erworben
und an den Hostrechner gekoppelt. Zwölf Mitarbeiter
erhielten die Ausbildung des Herstellers und nutzten
im Verlauf von rund eineinhalb Jahren das System im
produktiven Einsatz.

Bereits eine solche Entscheidung setzt voraus,   *Andere Formeln*
daß nicht allein 'von der Konstruktionsabteilung' ge-
sucht, ausgewählt und gerechnet wird, sondern der
Einsatz für die gesamte Produktentwicklung gilt.
Denn nur so kann ein derart kostspieliges und auch
nicht gerade risikofreies Pilotprojekt sich bezahlt
machen – und zwar für das ganze Unternehmen.

Die Ergebnisse der Anwendung waren aufschluß-
reich:

* Eine erste Erkenntnis war beispielsweise, daß   *Bloß kein Hostsystem*
  bei einem Umstieg auf 3D-Konstruktion auf
  keinen Fall mit einer Host-Umgebung gearbeitet werden dürfte, sondern ein Workstation-
  Konzept erforderlich war. Ein Test zeigte nämlich, daß 16 schattierte 3D-Modelldarstellungen
  bereits ausreichten, um den Mainframe praktisch lahmzulegen.
* Relativ rasch erwies sich auch die weitreichende   *Staunen über CAE*
  Bedeutung der 3D-Konstruktion. Nicht nur durch

die Möglichkeit der NC-Programmierung aufgrund der Modelldaten, sondern durch zahlrei-
che weitere Nutzeffekte, die sich jetzt auftaten:
Zum Beispiel hätte die FEM-Untersuchung einer Kontaktfeder, die infolge eines zwischen-
zeitlich gefundenen und behobenen Konstruk-

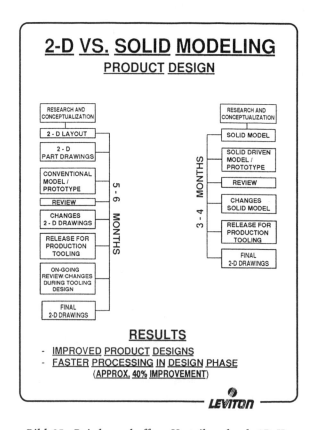

Bild 25: Bei den erhofften Vorteilen durch 3D-Kon-
struktion war das Team bei Leviton noch zu vorsichtig: die Beschleunigung liegt bei 60% statt 40%, und
die Entwicklungszeit sank auf 2-3 Monate statt 3-4
Monate, wie geschätzt. So korrigierte Dennis Oddsen
diese Grafik im Gespräch.

tionsfehlers in der Praxis ausgefallen war, erhebliche Kosten gespart. Sie führte nämlich zur
selben Erkenntnis wie die nachträgliche Untersuchung der Teile, die versagt hatten.

* Stereolithografie-Modelle waren fast ohne Zu-   *Rekordmodelle*
tun und in kürzester Zeit aus dem CAD-Mo-
dell abzuleiten und ersetzten langwierige Pro-
totypenläufe.

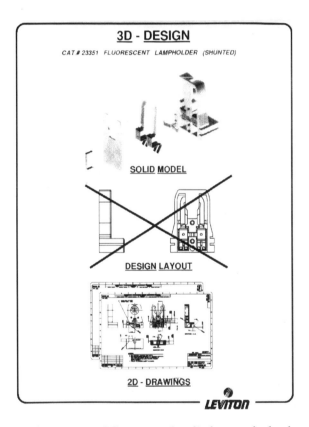

*Bild 26: Das Modell gestattet den direkten und schnel-
len Weg zur 2D-Zeichnung. Und eben auch zu diver-
sen anderen Anwendungen.*

Und wieder die
Kommunikation

* Die interne und externe Kommunikation verbesserte sich aufgrund der 3D-Darstellungen dramatisch.

Was zu vermeiden
wäre

* Es zeigten sich natürlich auch die negativen Seiten: Insbesondere erwies sich die gewählte Installation als dermaßen benutzerfeindlich, daß es für die Anwender, so *Dennis Oddseon* „eine Horrorshow" war. Es stand schon bald fest, daß dieses System nicht bleiben würde. Aber es waren eben auch reichlich Erfahrungen vorhanden, worauf bei einer erneuten Asuwahl zu achten wäre und welche besonders brennenden Punkte unbedingt vermieden werden mußten – nicht zuletzt wegen der für eine unternehmensweit eingeführte 3D-Applikation erforderlichen Akzeptanz.

Auf wen man baut

* Schließlich schied sich auch unter den Teilnehmern des Pilotprojektes die Spreu vom Weizen. Während vier von ihnen mit Begeisterung an die Untersuchung der neuen Möglichkeiten gingen und sich auch nicht durch Schwierigkeiten und in der Tat absolut unerträgliche Schwächen beeindrucken ließen, waren die restlichen Ingenieure weniger aktiv. Damit war auch klar, wer für das eigentliche Auswahlverfahren in Frage kam.

Wenn man weiß, was man sucht

Von wegen: nicht so
genau nehmen

So ging *Leviton* an die eigentliche Auswahl mit einem Fundus an Kenntnissen, die normalerweise nur erfahrene Anwender mitbringen. Die nachfolgenden Systemtests waren deshalb freilich nicht weniger in-

tensiv, ganz im Gegenteil. Aber sie konnten in wenigen Monaten erfolgreich abgeschlossen werden.

In der Endauswahl wurden von den am weitesten   *Parallel getestet*
fortgeschrittenen 3D-Konstrukteuren fünf führende
Lösungen teilweise parallel im selben Raum auf Herz
und Nieren getestet. Tauchte bei einer Installation ein
Problem auf, dann wurde dieselbe Situation sofort
mit den anderen Programmen durchgespielt, um einen unmittelbaren Vergleich zu haben.

Erst als letztes stießen sie auf *PE/ME30* (damals   *Die letzten sind*
noch unter dem Namen *HP ME30*), den ersten Solid   *manchmal die ersten*
Modeler von Hewlett Packard und älteren Bruder des
heute im Vordergrund stehenden *PE/SolidDesigner*.
Und gerade über die Reaktion seiner Mitarbeiter auf
den Test dieses Produktes berichtet *Dennis Oddsen*:
„They were blown away". Insbesondere die leichte
Erlernbarkeit und komfortable Benutzerführung,
aber auch die Flexibilität in der Anwendung der 3D-
Modellierung – beispielsweise im Vergleich zu rein

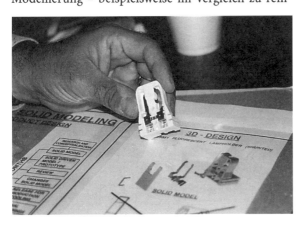

*Bild 27: Auf dem Tisch liegt der farbig Plot des PE/ME-
30-Modells. Den fertigen Stecker hält Dennis Oddsen
in der Hand. Räumliche Darstellungen sind so eindeutig und verständlich, daß alle mitreden können.*

parametrischen Ansätzen, wie sie zu diesem Zeitpunkt schon verfügbar waren – gaben den Ausschlag, daß *Leviton* 1991 komplett auf dieses System umschwenkte.

Was bei uns entwickelt, aber leider auch totdiskutiert wurde

Interesssant ist diese Entscheidung auch insofern, als hier auf eine Software gesetzt wurde, die zwar in Böblingen entwickelt worden ist, die aber in Deutschland nie und nirgends wirklich zum breiten Durchbruch gekommen ist. In der Regel finden sich *PE/ME30*-Installationen ziemlich vereinzelt neben einer großen Zahl von *PE/ME10*-Arbeitsplätzen. Sie werden hauptsächlich für gelegentliche Sonderzwecke benutzt. Ein typisches Beispiel ist ein Werkzeugmaschinenhersteller, den ich vor einiger Zeit im Schwarzwald besuchte. Neben rund 40 2D-Plätzen gibt es zwei *PE/ME30*-Installationen. Sie werden aber nicht für die eigentliche Konstruktion genutzt, sondern lediglich manchmal für Kinematik-Untersuchungen – und im übrigen für die Präsentation der Maschinen im Kundengespräch.

Für Sonderzwecke

Nicht perfekt genug?

Auch gute Gründe können bremsen

Die deutschen Anwender haben *PE/ME30* in der Regel aus denselben Gründen nicht als Konstruktionsinstrument angenommen, aus denen sie auch andere 3D-Modellierer bislang nur sehr zögerlich und vorsichtig einsetzten: Das System war nicht perfekt genug. Es beherrschte keine Freiformflächen, gestattete keine maßgesteuerte Variantenkonstruktion, war zu instabil und umständlich in der praktischen Anwendung, als daß es eine nennenswerte Zahl von

Konstrukteuren hätte bewegen können, ihrer gelieb-
ten 2D-Anwendung den Rücken zu kehren.

In New York (und den anderen Niederlassungen *Erfolgreiches Netz*
von *Leviton*) sind mittlerweile mit genau diesem Produkt mehr als 120 HP-Workstations im Netz. Und die
2D-Konstruktion gehört im wesentlichen der Ver-
gangenheit an.

Dabei haben sich die Erwartungen bezüglich der
Effektivität der 3D-Konstruktion für die gesamte
Produktentwicklung mehr als erfüllt.

* Werkzeug- und Formenbau arbeiten unmittel-   *Ohne Zeichnung*
  bar aufgrund der CAD-Modelle und benötigen
  keine Einzelteilzeichnungen mehr.
* Eine eigene Stereolithografiemaschine steht im   *Rapide Prototypen aus*
  Haus. Sie ist fast rund um die Uhr im Einsatz. In   *dem eigenen Haus*
  Rekordzeit stehen den Entwicklern nun Proto-
  typen zur Verfügung, die relativ weitgehende

*Bild 28: Eine eigene Stereolithografiemaschine sorgt für
die schnellstmögliche Erzeugung von physikalischen
Prototypen. Aus dem Volumenmodell lassen sich die
Daten automatisch an die Maschine übergeben.*

Aussagen selbst über die Funktionsfähigkeit der Neuentwicklung erlauben.

Analyse als Standard

* FEM-Berechnung – hier wird *RASNA* verwendet – gehört mittlerweile zum Standardwerkzeug der Entwickler. Der Einsatz dient zur Berechnung und Gestaltoptimierung kritischer Geometrien schon während der ersten Konstruktionsphasen.

Moldflow und anderes

* Auch Simulationsrechnungen des Einspritzvorganges sind bei allen Kunststoffteilen eine Selbstverständlichkeit. Nicht selten hatten früher zunächst falsch positionierte Anspritzstellen die teure Herstellung neuer Werkzeuge erforderlich gemacht.

2D für Sonderzwecke

* 2D-Fertigzeichnungen werden nur noch für Sonderzwecke erstellt. Selbst wenn auf der

Bild 29: Mit Hilfe von RASNA wird das 3D-Modell schnell analysiert. Das erlaubt seine Optimierung noch vor dem Bau eines Prototyps.

Grundlage von Dokumenten aus dem alten 2D-
Datenbestand heraus entwickelt oder geändert
werden muß, generieren die zuständigen Ingenieure nicht selten ein 3D-Modell. *Dennis
Oddsen* schätzt, daß der Anteil der 2D-Kon-
struktionstätigkeit auf weniger als zehn Prozent gesunken ist.

Die Umgebung dehnt sich aus

Der Umstieg auf 3D ist gelungen. Während die ersten
zwei Jahre vor allem der flächendeckenden Einführung der 3D-Konstruktion als prinzipieller Entwick-
lungsmethode galten, standen die letzten zwei Jahre
im Zeichen der Ankopplung der zahlreichen Folge-
Applikationen. Kein Hindernis stellt für *Dennis
Oddsen* die Tatsache dar, daß es sich bei der installierten Lösung um kein Komplettsystem mit durch-
gängiger Datenstruktur handelt, das alle Anwen-
dungsbereiche abdeckt.

Aufbauen, ausbauen, ankoppeln

Der wesentliche Fortschritt besteht in der Existenz des 3D-Mastermodells, das für alle an der Produktentwicklung beteiligten verbindlich und stets
aktuell ist. Daß es in der realisierten Umgebung zwischen verschiedenen Softwaremodulen Schnittstellen gibt und geben muß, ist dagegen bei *Leviton*
eher nebensächlich. Jedenfalls kann das Unternehmen auf diese Weise flexibel bleiben und bei Bedarf auf die jeweils optimalen DV-Bausteine zugreifen.

Verbindlichkeiten

Wie in den anderen Unternehmen traf ich auch
bei *Leviton* auf Gelassenheit bezüglich des Wechsels
zur neuesten 3D-Software. Während in Deutschland
viele Anwender überhaupt erst mit dem *PE/Solid-*

Gelassenheit

Designer zum Einschwenken auf 3D-Konstruktion zu bewegen sind, betrachtet *Dennis Oddsen* den neuen Modellierer nüchtern: „Er hat zweifellos eine Reihe deutlicher Vorteile. Zum Beispiel die Möglichkeit der Verarbeitung von Freiformflächen als Bestandteile des Volumenmodells: Wir hatten früher gedacht, bei unseren Produkten spiele diese Frage keine große Rolle. Wir wissen jetzt, daß diese Annahme falsch war. Auch die Benutzerführung ist noch erheblich verbessert worden. Aber auf der anderen Seite hat es eine Weile gedauert, bis die Anfangsschwierigkeiten ausgestanden waren. Und darunter wollten wir nicht zu leiden haben.

Nach den
Kinderkrankheiten

Jetzt ist dieses Stadium offensichtlich überwunden. Der Austausch der gesamten Installation gegen den *SolidDesigner* wird in der nächsten Zeit über die Bühne gehen.“

Der nächste Schritt: Advisortechnik

Stehenbleiben
gilt nicht

Darüber hinaus hat sich *Dennis Oddsen* mittlerweile mit dem nächsten Thema vertraut gemacht, das über kurz oder lang ebenfalls die gesamte Industrie beschäftigen wird: der Einsatz eines Systems zum Management der gesamten Produktdaten. Bei der großen Bandbreite der im Einsatz befindlichen Applikationen, die alle auf dieselben Modelldaten zugreifen, ist ein solches System unverzichtbar. Anders läßt sich vor allem bei einer größeren Zahl von Anwendern kaum ein geordneter, kontrollierter Zugriff und eine sichere Verwaltung der immensen Datenmengen gewährleisten.

Unterstützung für
das Management

Guter Rat statt
teuren Fehlern

Und dann? Dann sieht *Dennis Oddsen* die Entwicklung in Richtung Advisortechnologien gehen. Er ist davon überzeugt, daß in den kommenden Jahren eine Reihe neuer Softwareentwicklungen ins Haus stehen, die auf diesen gemeinsamen Nenner gebracht werden können. Systeme, die dem anwendenden Ingenieur bereits im Frühstadium seiner Produktkonzeption Informationen zur Verfügung stellen, die er gewöhnlich erst zu einem späteren Zeitpunkt aufgrund der Diskussion seiner Konstruktion mit anderen Experten bekommt: Berechnung, Fertigung, Montage – um einige Beispiele für Anwendungsmöglichkeiten zu nennen. Nicht zu vergessen ist der Aspekt der frühzeitigen Berücksichtigung kommerzieller Daten, beispielsweise Material- und Fertigungskosten, die ebenfalls mit derartigen 'intelligenten' Systemen realisierbar ist.

Beispiele solcher Software sind bereits auf dem Markt. Bei *Leviton* wird das ebenfalls von HP stammende Blechpaket SheetAdvisor angepeilt. Mit diesem Programm konstruiert der Ingenieur von Anfang an nicht Geometrien, sondern Blechteile. Und das System prüft in jedem Schritt im Hintergrund, ob seine Konstruktion 'machbar' ist. Und sie sagt ihm, welche Produktkosten insgesamt zu kalkulieren sind, ob Sonderwerkzeuge erforderlich werden oder ob das gewählte Material überhaupt verfügbar ist.

Zum Beispiel Blech

Die Krücke 2D weglegen

„Wenn wir nicht mit den neuesten Werkzeugen arbeiten, bekommen wir auch keine guten Mitarbeiter. Schließlich sind heute alle von der Hochschule her schon mit den verschiedensten Technologien und Methoden vertraut." Und dann zieht *Dennis Oddsen* einen Vergleich, um die Rolle der 3D-Modellierung

Ohne 3D sind keine guten Ingenieure zu bekommen

für künftige Generationen von Entwicklungsinge-
nieuren zu beschreiben:

„NC-Programmierung ist heute zu einem überall
verbreiteten, selbstverständlichen Hilfsmittel geworden. Eine Fertigung ohne diese Technik ist schon
nicht mehr vorstellbar. Natürlich hat dies zur Folge,
daß heutige Maschinenbediener ziemliche Schwierigkeiten hätten, wenn sie beispielsweise mit einer alten Fräsmaschine oder Drehbank arbeiten müßten.
Sie haben vielfach nicht mehr das Gefühl, das die alten Hasen für die richtige Drehzahl und den richtigen Vorschub bei den verschiedensten Materialien
hatten. So ähnlich wird es vermutlich in einiger Zeit
auch um das Verständnis der Konstrukteure und Ingenieure von technischen Zeichnungen bestellt sein:
Wozu sollen sie denn noch lernen, den komplizierten, mißverständlichen und unvollständigen Weg
über die Fertigzeichnung zu gehen, wenn ein 3D-Mo-
dell so realitätsnah auf dem Bildschirm zur Verfügung steht, daß es jeder verstehen kann – auch der
Nichttechniker. Das ist nicht bedauerlich. Es ist der
Gang der Dinge. Die technische Zeichnung war eine
Krücke. Jetzt brauchen wir sie nicht mehr."

Warum etwas lernen,
das nicht mehr
benötigt wird?

9 Nobody is perfect

Nun haben Sie gesehen, was einige nordamerikanische Betriebe unter Flexibilität in ihrem Verhältnis zum Kunden, aber auch in ihrem Verhältnis untereinander und zu ihren eigenen Organisationsformen verstehen.

Nachmachen? Im einzelnen natürlich nicht. *Andere Baustelle* Selbst wenn Ihr Unternehmen zufällig die gleiche Produktpalette hätte wie einer der vorgestellten Betriebe – Sie haben eine andere Geschichte, eine andere DV-Landschaft und andere Ausgangspositionen. Vor allem aber: Die Mitarbeiter und das Management denken und fühlen anders.

Aber wir können aus vorbildlichen Strukturen lernen, und sie als Anschauungsmaterial nutzen, um zu erkennen, wie es auch gehen kann.

Es wäre schon ein großer Fortschritt, wenn wir *Vorurteile machen* beginnen, schützende Vorurteile fallenzulassen und *blind und unbeweglich* uns selbst, unser Verhalten und unsere Denkweise in Frage zu stellen. Sind die eingeschlagenen Wege die richtigen? Ist das, was sich im eigenen Unternehmen als das übliche Vorgehen eingeschliffen hat, wirklich gut? Und sind unsere Ingenieurleistungen, auf die wir bis vor wenigen Jahren mit Recht so stolz sein konnten, wirklich noch so perfekt, wie wir es gerne sehen möchten? Oder sind wir an den falschen Stellen perfekt?

Auch technische Perfektion ist letztlich eine Ei- *Perfekt ist ein* genschaft unserer Produkte – eine Eigenschaft neben *Eigenschaftswort* anderen. Warum überlassen wir es nicht in viel stärkerem Maße dem Kunden zu bestimmen, welches Ausmaß an Perfektion er wirklich wünscht. Warum untersuchen wir nicht unvoreingenommener als bisher, welche Eigenschaften unserer Produkte vom Kunden als wie wichtig eingestuft werden, anstatt immer noch zu denken, daß wir und unsere Entwicklungsspezialisten sowieso am besten wissen, was draußen gebraucht wird?

Kräftig aufgeholt

Der Aufschwung in den USA ist stark. An vielen Stellen – auch in der Automobilszene - hat die dortige Industrie wieder Tritt gefaßt und es geschafft, Produkte auf den Markt zu bringen, die nicht nur dem Vergleich mit dem japanischen Wettbewerb standhalten, sondern sogar als Sieger daraus hervorgehen.

Tiefgreifend

Bei uns ist im Moment auch schon eine Erholung der Konjunktur spürbar. Wie nachhaltig sie ist, hängt nicht zuletzt davon ab, ob die Umstrukturierungsmaßnahmen in der Industrie und vor allem in der Produktentwicklung tief genug greifen.

Glossar

ACIS:
Geometriemodellierer, der in zahlreichen technischen
Softwaresystemen den Kern bildet und wesentlich die
Datenstruktur bestimmt.

Advisortechnologie:
Ratgeber. In der Softwaretechnik sind damit Methoden gemeint, die dem Konstrukteur bestimmte, sinnvolle Zusatzinformationen für seine Arbeit zur Verfügung stellen.

Applikation:
Einsatz, Anwendung. Mit Applikationen werden ei-
nerseits spezielle Zusatzprogramme zu Standardsoftware bezeichnet, andererseits die Standardsoftware,
die vom Endanwender eingesetzt wird.

B-Splines:
Beziers-Splines. Nach Pierre Bezier benannte Frei-
handlinie, die aus einer glatten, differenzierbaren
Kurve n-ten Grades angenähert wird.

CAD:
Computer Aided Design oder Computer Aided
Drafting. Rechnerunterstützte Konstruktion am
Bildschirm.

CAE:
Computer Aided Engineering. Unter diesem Begriff

werden alle Softwaretechnologien zusammengefaßt, die im Gesamtbereich des Engineering, der Produktentwicklung, zum Einsatz kommen.

CAM:
Computer Aided Manufacturing. Rechnergestützte Fertigung auf NC-Maschinen.

CIM:
Computer Integrated Manufacturing. Schlagwort der 80er Jahre, das die Illusion nährte, es sei ohne weiteres möglich, alle Arten von Rechnerunterstützung in Konstruktion, Entwicklung und Fertigung miteinander zu verbinden.

Concurrent Engineering / Simultaneous Engineering:
Parallelisierung bisher nacheinander ablaufender Prozesse in der Produktentwicklung.

Design for Assembly:
Entwicklung für die Montage. Motto zur Konzentration der Entwicklungsarbeit unter dem Gesichtspunkt der möglichst leichten Montierbarkeit der Produkte.

Design for Manufacturing:
Entwicklung für die Fertigung. Motto zur Konzentration der Entwicklungsarbeit unter dem Gesichtspunkt der möglichst reibungslosen und kostengünstigen Fertigbarkeit der Produkte.

Drahtmodell:
Räumliche Darstellung einer Konstruktion durch Visualisierung der Körperkanten. Selbst bei Ausblenden der verdeckten, eigentlich nicht sichtbaren Kanten ist

diese Darstellung aber nicht eindeutig und kann zu Mißverständnissen führen.

Erstarrungssimulation:
Der Vorgang der Materialerstarrung beim Gießen wird an einem angenäherten Modell des Gußteils vorweggenommen. Mögliche Lufteinschlüsse oder kritische Bereiche lassen sich so rechtzeitig erkennen.

FEM:
Finite Elemente Methode. Werkzeug zur Vorausberechnung von Belastungen konstruierter Teile, wie Zug, Druck oder Temperatur. Die Basis ist die Mathematik der Matrizenrechnung, die es gestattet, ein Bauteil in sehr kleine (finite) Elemente zu zerlegen, aus deren berechenbarer Belastung dann vom System Rückschlüsse auf das eigentliche Bauteil gezogen werden.

Host:
Zentralrechner, Rechenzentrums-Computer.

IGES:
Internationaler Standard zum Austausch von Geometriedaten, der von nahezu allen Systemen beherrscht wird. IGES entspricht nicht mehr den heutigen Anforderungen. Insbesondere lassen sich darüber keine vollständigen Volumenmodelle oder andere, auch nichtgeometrische Entwicklungsdaten übertragen (siehe STEP).

Kollisionsprüfung:
Moderne CAD-Systeme ermöglichen die Darstellung von Materialüberschneidungen oder Lücken zwi-

schen Bauteilen, sowohl statisch als auch in verschiedenen Positionen des möglichen Bewegungsablaufs der einzelnen Funktionsteile. Dadurch werden viele Versuche an physikalischen Modellen überflüssig.

Makro:
Zu einem einzigen Befehl zusammengefaßte Folge von Menüschritten.

Mastermodell:
Da das 3D-Volumenmodell eine vollständige Beschreibung des Produktes gestattet, kann es als Master dienen, von dem alle anderen Darstellungsformen abgeleitet werden.

Optimierung:
In Zusammenhang mit 3D-CAD- und FEM-Systemen versteht man darunter die Möglichkeit, aufgrund von Rechenergebnissen automatisch die Geometrie eines Teils zu verbessern.

Rapid Prototyping:
Modernes Verfahren zur schnellen Erstellung von Prototypen. Wichtigste Methode ist der Aufbau von Kunststoffmodellen mit Hilfe der Stereolithografie, die 3D-CAD-Modelle nachbilden läßt.

Solid(s) Modeling:
Volumenmodellierung. Erzeugen räumlicher, vollständiger Teilegeometrien.

STEP:
Standard for the Exchange of Product Model Data. Neuer internationaler Standard zum Datenaustausch zwischen unterschiedlichsten Systemen. Er ist noch

lange nicht fertig definiert, aber einige wichtige Formate liegen bereits vor und entsprechende Prozessoren werden auch von Herstellern schon vertrieben. Dabei handelt es sich im wesentlichen um den Austausch von Geometriedaten, die aber nun auch 3D-Volumenmodelle einschließen.

Fraktale Fabrik:
Modell moderner Unternehmensform, das die betriebliche Organisation als lebendigen Organismus begreift. Die Theorie und praktische Beispiele beschreibt das ebenfalls im Springer-Verlag erschienene Buch 'Revolution der Unternehmenskultur – Das fraktale Unternehmen' von Hans-Jürgen Warnecke.

Index

Springer-Verlag und Umwelt

Als internationaler wissenschaftlicher Verlag sind wir uns unserer besonderen Verpflichtung der Umwelt gegenüber bewußt und beziehen umweltorientierte Grundsätze in Unternehmensentscheidungen mit ein.

Von unseren Geschäftspartnern (Druckereien, Papierfabriken, Verpackungsherstellern usw.) verlangen wir, daß sie sowohl beim Herstellungsprozeß selbst als auch beim Einsatz der zur Verwendung kommenden Materialien ökologische Gesichtspunkte berücksichtigen.

Das für dieses Buch verwendete Papier ist aus chlorfrei bzw. chlorarm hergestelltem Zellstoff gefertigt und im pH-Wert neutral.

Druck: Druckerei Zechner, Speyer
Verarbeitung: Buchbinderei Schäffer, Grünstadt